Helga Willer / Immo Lünzer / Manon Haccius
Ökolandbau in Deutschland

Recycling-Papier - ein Beitrag zum aktiven Umweltschutz

Die Stiftung Ökologie & Landbau (SÖL) druckt ihre Publikationen seit 1979 auf grauem Recyclingpapier. Seit 1992 wird das hellere Resaprintpapier verwendet, das zu 100 Prozent aus Altpapier ohne Chlorbleiche hergestellt wird. Damit kann den Lesern ein optisch ansprechendes Schriftbild auf hellem Hintergrund angeboten werden, das die Lesbarkeit erleichtert. Seit Gründung der Stiftung (1962) bemüht sie sich, ihre Schriften so umweltfreundlich wie möglich zu produzieren und zu verpacken. So werden die Bücher z. B. auch nicht in Folien eingeschweißt.

Helga Willer / Immo Lünzer / Manon Haccius

Ökolandbau in Deutschland

SÖL-Sonderausgabe Nr. 80

Alle in diesem Buch enthaltenen Angaben, Ergebnisse usw. wurden von den Autoren nach bestem Wissen erstellt und von ihnen sowie der Stiftung Ökologie & Landbau mit größtmöglicher Sorgfalt überprüft. Dennoch sind Fehler nicht völlig auszuschließen. Daher erfolgen alle Angaben usw. ohne jegliche Verpflichtung oder Garantie des Verlages oder der Autoren. Beide übernehmen deshalb keinerlei Verantwortung und Haftung für etwa vorhandene inhaltliche Unrichtigkeiten.

Die Deutsche Bibliothek – CIP-Einheitsaufnahme

Willer, Helga:
Ökolandbau in Deutschland / Helga Willer, Immo Lünzer, Manon Haccius. Bad Dürkheim: Stiftung Ökologie und Landbau, 2002
(SÖL-Sonderausgabe: Nr. 80)
ISBN 3-934499-34-1

© 2002. Stiftung Ökologie & Landbau (SÖL),
Weinstraße Süd 51, D-67098 Bad Dürkheim
Tel. 06322-989700, Fax 06322-989701
E-Mail: info@soel.de
Internet: http://www.soel.de

Titelfoto mit freundlicher Genehmigung der Schweisfurth-Stiftung
Satz: Medienwerft Elmshorn
Druck: Verlagsservice Niederland, Königsstein

ISBN 3-934499-34-1

Inhalt

Vorwort 7
Einleitung 9
1 Was ist ökologischer Landbau 11
2 Entwicklung des ökologischen Landbaus in Deutschland 13
  2.1 Die biologisch-dynamische Agrarkultur (Demeter) 13
  2.2 Der organisch-biologische Landbau (Bioland) 14
  2.3 Erste Ausdehnungsphase als Reaktion auf
      ökologische Probleme (1968-1988) 15
  2.4 Zweite Ausdehnungsphase (1988-2000) 16
  2.5 Aktuelle Statistik und dritte Ausdehnungsphase ab 2001 .. 16
3 Entwicklung des Ökolandbaus in Europa 21
4 Organisationen des ökologischen Landbaus 25
  4.1 Die anerkannten Verbände des ökologischen Landbaus ... 25
  4.2 Weitere Organisationen 31
5 Regionale Verteilung der Biobetriebe 39
6 Bodennutzung und Tierhaltung 45
7 Ökologischer Weinbau 47
8 Richtlinien und Zertifizierung 49
  8.1 Richtlinien der Verbände und EG-Verordnung über
      den ökologischen Landbau 49
  8.2 Kontrollstellen und Kontrollbehörden 50
  8.3 Das staatliche Bio-Siegel 54
  8.4 Das EU-Emblem 55
  8.5 Weitere Ökozeichen; Ökoprodukte aus anderen Ländern . 56
  8.6 Folgende Bezeichnungen stehen nicht für
      ökologische Lebensmittel 56
9 Vermarktung 61
  9.1 Marktumfang und Absatzwege 61
  9.2 Angebot und Produktpalette 63
  9.3 Bioprodukte im Lebensmitteleinzelhandel: weniger
      als drei Prozent 66
  9.4 Nachfrage nach Lebensmitteln aus
      ökologischem Landbau 67

10 Ökologische Agrarpolitik 69
　10.1 Agrarumweltprogramme 69
　10.2 Unterstützung der Vermarktung 71
　10.3 Förderpreis Ökolandbau 71
　10.4 Bundesprogramm Ökologischer Landbau. 72
　10.5 Weitere Förderinstrumente 73
11 Beratung. 83
12 Forschung und Lehre 85
　12.1 Forschung und Lehre zum ökologischen Landbau in
　　　 Deutschland. 85
　12.2 Bundesinstitut für ökologischen Landbau 87
　12.3 Wissenschaftstagung zum ökologischen Landbau im
　　　 deutschsprachigen Raum. 87
13 Gentechnik. 89
14 Naturschutz 91
15 Ausblick. 93
16 Literatur 95
17 Adressen. 103
　17.1 Erzeugerverbände 103
　17.2 Kontrollstellen und staatliche Kontrollbehörden 106
　17.3 Forschung 107
　17.4 Referat Ökologischer Landbau 107
　17.5 Vermarktung 107
　17.6 Weitere Institutionen. 108
18 Adressen von weiterführenden Internetseiten 113
19 Autoren 121

Vorwort

Erstmalig erscheint mit der vorliegenden Broschüre ein umfassendes Werk zum Stand des ökologischen Landbaus in Deutschland. Die SÖL hat bereits vor drei Jahren mit einem Buch zum ökologischen Landbau in Europa einen knappen Überblick zur deutschen Situation gegeben und später diesen Beitrag über ihre Internetseite zur Verfügung gestellt, wo er laufend aktualisiert wird.

Aufgrund der einschneidenden Veränderungen, die der deutsche Ökolandbau derzeit im Zuge der Agrarwende erlebt, hat sich die SÖL entschlossen, die ihr vorliegenden Informationen umfassend zu ergänzen und als SÖL-Sonderausgabe herauszugeben. Die SÖL plant, nun jährlich eine aktuelle Fortschreibung der Entwicklung des ökologischen Landbaus in Deutschland zur Verfügung zu stellen, um so die Fortschritte der Agrarwende einem breiten Publikum nahezubringen. Als ein »Jahrbuch Ökolandbau« soll die Broschüre jeweils zur Grünen Woche zum Jahresanfang vorgelegt werden. Ergänzungen und Aktualisierungen zum vorliegenden Text können gerne an die SÖL gesandt werden.

Neben den Verfassern haben zahlreiche weitere Persönlichkeiten an der Entstehung dieser Broschüre mitgewirkt, und wir möchten uns sehr für deren Mitarbeit bedanken: Dr. Hiltrud Nieberg von der Bundesforschungsanstalt für Landwirtschaft hat zahlreiche Informationen zur Förderung des ökologischen Landbaus in Deutschland bereitgestellt, Prof. Dr. Ulrich Hamm lieferte aktuelle Daten zum Biomarkt in Deutschland und Markus Rippin von der ZMP stellte die Informationen zum Umfang des Ökolandbaus sowie zur Bodennutzung und Tierhaltung zur Verfügung.

Unser besonderer Dank gilt den SÖL-Mitarbeiterinnen Minou Yussefi für die Unterstützung bei der Bearbeitung des Textes sowie der Erstellung der Grafiken und Statistiken, weiterhin Elke Müller für die Arbeiten am Layout und Ingrid Ahme-Mahler für das Korrekturlesen.

Bad Dürkheim, Dezember 2001   *Dr. Uli Zerger, SÖL*

Einleitung

Der ökologische Landbau erhielt in Deutschland Anfang 2001 - ausgelöst durch die BSE-Krise und den Amtsantritt von Renate Künast als Bundesministerin für Verbraucherschutz, Ernährung und Landwirtschaft - entscheidende Impulse. Mit der von ihr eingeleiteten Agrarwende mit dem ehrgeizigen Ziel 20 Prozent Ökolandbau bis 2010 zu erreichen, wurde bereits eine Reihe von Maßnahmen eingeleitet, die das Gesicht des Ökolandbaus in Deutschland verändern werden: zu nennen sind die verbesserte Förderung des ökologischen Landbaus, das Auflegen eines Bundesprogamms für den ökologischen Landbau sowie die Einführung eines staatlichen Bio-Siegels, das im September 2001 bekannt gemacht wurde. Ende 2000 wurden in Deutschland 546.023 Hektar landwirtschaftliche Nutzfläche von 12.740 Betrieben nach den EU-weiten Regelungen des ökologischen Landbaus bewirtschaftet (ZMP, 2001). Damit erhöhte sich, bezogen auf das Vorjahr, die Zahl der Ökobetriebe um 2.315 (+ 22,2 %) und die nach den Regeln der EG-Öko-Verordnung bewirtschaftete Fläche um 93.696 Hektar (+ 20,7 %). Der Anteil an der Gesamtzahl der landwirtschaftlichen Betriebe lag im Jahr 2000 bei rund 3 Prozent (1999 ca. 2,4 %), der an der Gesamtfläche bei 3,2 Prozent (1999 ca. 2,6 %).

I Was ist ökologischer Landbau

Der ökologische Landbau ist eine ganzheitliche, moderne Form der Landbewirtschaftung. Das Interesse an ihm nimmt stetig zu. Zum einen wirkt er sich positiv auf Boden, Wasser und Klima aus, zum anderen stellt er ein wichtiges alternatives Konzept für die Agrarpolitik dar. Das gilt besonders hinsichtlich gentechnisch veränderter Organismen, die bzw. deren Erzeugnisse in der konventionellen Nahrungsmittelproduktion zunehmend Eingang finden, im Ökolandbau aber nicht eingesetzt werden. Die Verbände des ökologischen Landhaus lehnen diese Technik konsequent ab, weil sie mit nicht einschätzbaren Risiken für Pflanzen, Tiere, Menschen und Umwelt verbunden ist. Sie passt nicht zur ganzheitlichen Sichtweise des ökologischen Landhaus (Altner et al., 1990; Weber et al., 2000).

Eine Agrarwirtschaft, in der versucht wird, sich immer weiter von der Natur unabhängig zu machen, kann unser Leben und Überleben auf Dauer nicht sichern. Die ökologische Agrarkultur ist hingegen um eine nachhaltige, möglichst umweltgerechte Erzeugung von gesunden Lebensmitteln im weitest möglichen Einklang mit der Natur bemüht und ist damit zukunftsorientiert.

2 Entwicklung des ökologischen Landbaus in Deutschland

Die Entwicklung des ökologischen Landbaus in Deutschland ist durch die biologisch-dynamische und organisch-biologische Landwirtschaft geprägt. Über die Geschichte des ökologischen Landbaus in Deutschland informieren Vogt (2001) und Schaumann et al. (2002).

2.1 Die biologisch-dynamische Agrarkultur (Demeter)

Die biologisch-dynamische Agrarkultur wurde bereits 1924 von Rudolf Steiner (1861 - 1925) begründet. Er hielt auf dem Gut Koberwitz bei Breslau acht Vorträge zum Thema »Geisteswissenschaftliche Grundlagen zum Gedeihen der Landwirtschaft« (Steiner, 1984). Diese Grundlagen gehen aus einer erweiterten Natur- und Menschenerkenntnis (der von Steiner begründeten Anthroposophie) hervor und führen über die Grenzen des heute allgemein bekannten Weltbildes hinaus. Seine Forschungsergebnisse beruhen auf geisteswissenschaftlichen Erkenntnissen, nicht allein auf denen der Naturwissenschaft. Der landwirtschaftliche Betrieb wird als eine lebendige Individualität, als eine Art Organismus angesehen, der auch nichtmateriellen Einwirkungen unterliegt, die es zu beachten gilt. Solche Einflüsse, verstanden als dynamische Wirkungen oder Kräfte, gehen z. B. von den biologisch-dynamischen Präparaten aus oder werden durch sie verstärkt. Diese Präparate sind spezielle Zubereitungen, beispielsweise aus Heilkräutern und Quarz, die in kleinsten Mengen im Dünger, auf dem Boden oder im wachsenden Pflanzenbestand eingesetzt werden. Sie fördern

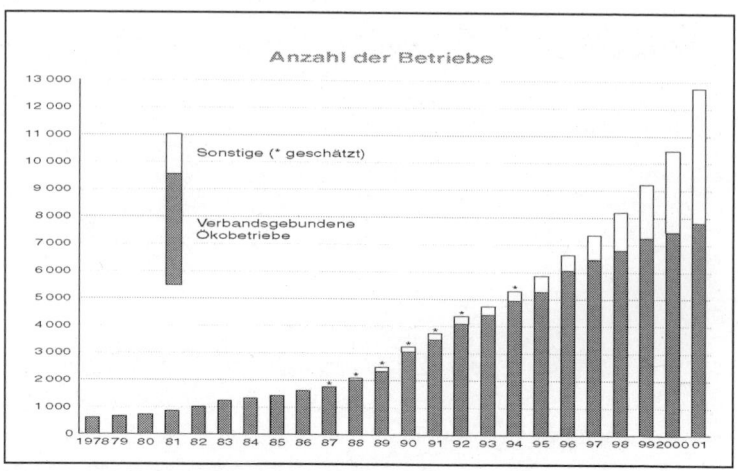

Abbildung 1: Entwicklung der ökologisch wirtschaftenden Betriebe in Deutschland von 1978 - 2001 (Stand: 1. Januar des jeweiligen Jahres; Quellen: ArbeitsGemeinschaft Ökologischer Landbau, Stiftung Ökologie & Landbau, ZMP)

das Bodenleben und unterstützen die innere Qualität der Pflanzen (Koepf et al., 1996; Koepf, 1997; Schaumann, 1996; Schaumann et al., 2002; Z. Ökologie & Landbau Nr. 3/1999).

2.2 Der organisch-biologische Landbau (Bioland)

Der organisch-biologische Landbau wurde in der Schweiz von Hans Müller (1891 - 1988) und seiner Frau Maria (1894 - 1969) entwickelt. Bereits in den zwanziger Jahren setzten sie sich für den Fortbestand einer bäuerlichen Landwirtschaft ein. Hans Müller beschäftigte sich seit den dreißiger Jahren mit der biologisch-dynamischen Wirtschaftsweise und entwickelte in den fünfziger Jahren den organisch-biologischen Landbau. Seiner Frau war besonders die Entwicklung des biologischen Hausgartens ein Anliegen. Die theoretische Grundlage lieferte der deutsche Arzt und Mikrobiologe Hans Peter Rusch (1906 - 1977), der 1951 zu Hans Müller stieß. In seinem Buch »Bodenfruchtbarkeit« (Rusch, 1968) setzt er sich mit der Bodenmikrobiologie und ihrer entscheidenden Rolle für die Bodenfruchtbarkeit auseinander (Neuerburg und Padel, 1992).

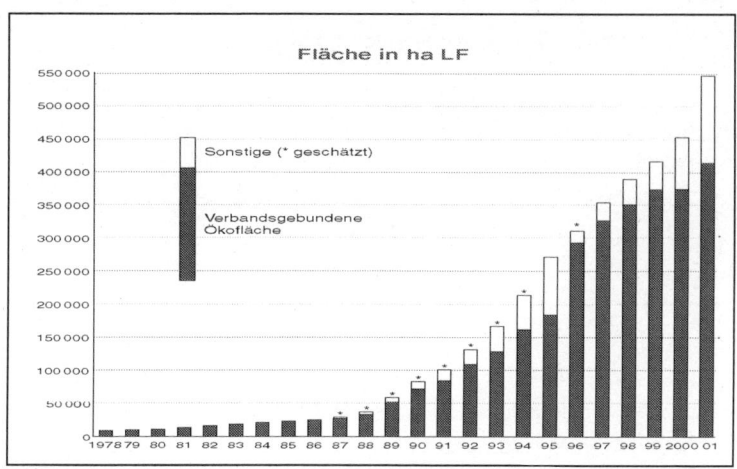

Abbildung 2: Entwicklung der ökologisch bewirtschafteten Fläche in Deutschland von 1978 - 2001 (Stand: 1. Januar des jeweiligen Jahres; Quellen: ArbeitsGemeinschaft Ökologischer Landbau, Stiftung Ökologie & Landbau, ZMP)

2.3 Erste Ausdehnungsphase als Reaktion auf ökologische Probleme (1968 - 1988)

Seit Ende der sechziger Jahre traten vermehrt die negativen Folgen der industrialisierten Landwirtschaft, neben den allgemeinen Umweltproblemen, zu Tage. 1971 wurde der Erzeugerverband Bioland gegründet (nachdem die ANOG - Arbeitsgemeinschaft für naturnahen Obst-, Gemüse- und Feldfrucht-Anbau e. V. bereits 1962 ins Leben gerufen worden war). Seit 1975 koordiniert die im Jahr 1962 gegründete Stiftung Ökologie & Landbau (SÖL) den Erkenntnis- und Erfahrungsaustausch. Sie verlegt eine Vielzahl von Publikationen über den ökologischen Landbau. Außerdem unterstützte sie von Anfang an die Entwicklung der IFOAM (International Federation of Organic Agriculture Movements / Internationale Vereinigung ökologischer Landbaubewegungen, Gründung 1972). Die Entwicklung des ökologischen Landbaus ab dem Jahr 1978 zeigen die Abbildungen 1 und 2.

Zunächst ging es insbesondere darum, der Agrarfachwelt zu zeigen, dass der ökologische Landbau mit Erfolg wirtschaften kann. Weitere Erzeugerverbände wurden seit den achtziger Jahren gegründet.

15

2.4 Zweite Ausdehnungsphase (1988 - 2000)

Auf Initiative der Stiftung Ökologie & Landbau (SÖL) wurde 1988 die ArbeitsGemeinschaft Ökologischer Landbau (AGÖL) als Dachverband der Verbände in Deutschland gegründet, nachdem 1984 erste gemeinsame Rahmenrichtlinien zum Ökolandbau in Deutschland verabschiedet worden waren. In den folgenden Jahren verbreitete sich der ökologische Landbau schnell. Hierzu trug die staatliche Förderung seit 1989 im Rahmen des EG-Extensivierungsprogramms, seit 1994 durch die EG-Verordnung 2078/92 und seit 2000 durch die EG-Verordnung 1257/1999 maßgeblich bei.

In den neuen Bundesländern hat sich die ökologisch bewirtschaftete Fläche nach der Wiedervereinigung 1990 rasch ausgeweitet. Dort war es besonders schwierig, die Vermarktung aufzubauen, da man in der ehemaligen DDR Bioprodukte gar nicht kannte (Gerber et al., 1996).

2.5 Aktuelle Statistik und dritte Ausdehnungsphase ab 2001

Im Jahr 2000 erhöhte sich die Zahl der Ökobauernhöfe im Vergleich zum Vorjahr um 22,2 Prozent. Dies ist das größte Wachstum seit 1993. »Das dynamische Wachstum des Ökolandbaus zeigt, dass zunehmend mehr Landwirte bereit sind, besondere Anforderungen des Umwelt- und Tierschutzes zu erfüllen. Die stark gestiegene Nachfrage nach Ökoprodukten zeigt, dass sie auf dem richtigen Weg sind. Die jetzt beschlossene zusätzliche Förderung des Ökolandbaus sowie das bundeseinheitliche Bio-Siegel, das noch in diesem Jahr kommt, werden dieser Entwicklung zusätzlichen Schwung verleihen. Damit kommen wir unserem Ziel, in zehn Jahren einen Anteil des Ökolandbaus von 20 Prozent zu erreichen, ein gutes Stück näher«, so Bundesverbraucherschutzministerin Renate Künast in einer Pressemeldung vom 3.7.2001.

In Deutschland wurden bis Ende des Jahres 2000 546.023 Hektar von 12.740 Betrieben nach den EU-weiten Regeln des ökologischen Landbaus bewirtschaftet. Damit erhöhte sich die Zahl der Ökobetriebe - bezogen auf das Vorjahr - um 2.315 (+ 22,2 %) und die Fläche um 93.696 Hektar (+ 20,7 %) (siehe Tabelle 3).

Die Zahl der verarbeitenden Betriebe und Importeure im Ökosektor nahm im Jahr 2000 um 15,5 Prozent zu. Damit stieg die Gesamtzahl aller nach der EG-Öko-Verordnung kontrollierten Unternehmen (landwirtschaftliche Betriebe, Verarbeiter, Importeure) um 21,3 Prozent von 12.755 (1999) auf 15.468 (2000) (ZMP, 2001).

Seit Anfang 2001 ist die Stärkung des ökologischen Landbaus ausdrückliches Ziel der deutschen Agrarpolitik. Der Ökolandbau wird inzwischen mit zahlreichen Maßnahmen wie z. B. des einheitlichen Bio-Siegels und dem Bundesprogramm Ökolandbau unterstützt (vergleiche Kapitel 10). Für die folgenden Jahre wird dementsprechend mit einer umfangreichen Umstellung auf ökologischen Landbau gerechnet. Es wird also eine dritte Ausdehnungsphase geben.

Nach einer Forsa-Umfrage (November 2001) zeigt sich ein positiver Trend für Öko: 75 Prozent der 1.007 befragten Bundesbürger antworteten auf die Frage »Halten Sie eine grundlegende ökologische Umorientierung der deutschen Landwirtschaft für richtig?« mit »Ja« (siehe Abbildung 3).

Auf der Grundlage einer Umfrage bei den ökologischen Anbauverbänden und einer Hochrechnung auf alle Ökobetriebe - inklusive derjenigen, die keinem Verband angeschlossen sind - schätzt die SÖL für das Jahr 2001, dass ca. 14.400 Betriebe rund 627.000 Hektar ökologisch bewirtschaften werden. Das würde einem Flächenanteil von 3,67 Prozent und einem Anteil der Betriebe von 3,25 Prozent betragen (siehe Tabelle 1 und Abbildung 4).

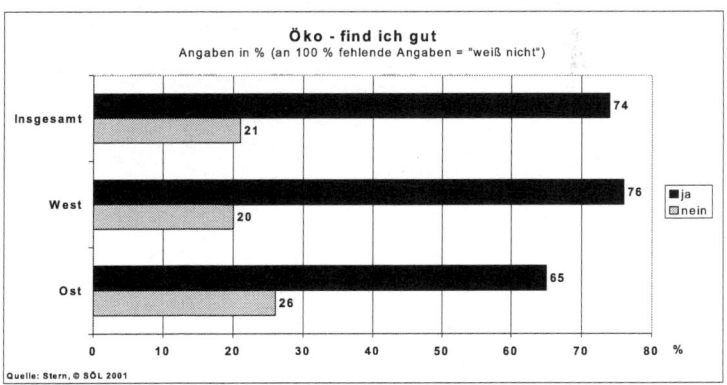

Abbildung 3: Öko – find ich gut (Quelle: Forsa im Auftrag des Stern, November 2001, aus Stern Nr. 48, 2001)

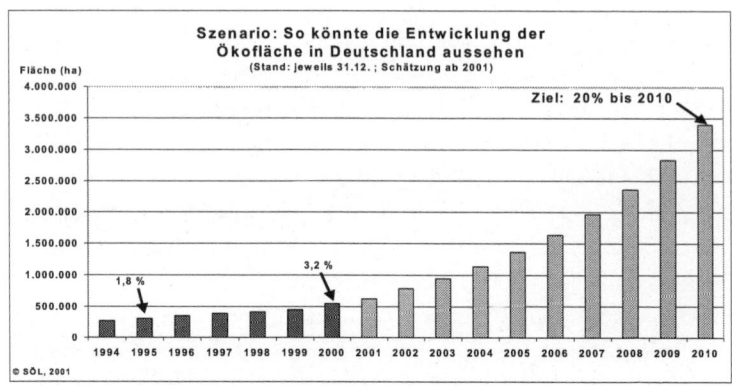

Abbildung 4: Szenario: So könnte die Entwicklung der Ökofläche in Deutschland aussehen (Stand: jeweils 31.12.; Schätzung der SÖL ab 2001 mit einem jährlichen Wachstum von 20 %)

Mit der von Bundesverbraucherschutzministerin Renate Künast eingeleiteten Agrarwende (siehe hierzu auch die Informationen auf der SÖL-Internetseite) hat sich die Entwicklung des ökologischen Landbaus stark beschleunigt. Ihre Zielvorgabe lautet: 20 Prozent Ökolandbau bis zum Jahr 2010. Bezogen auf die landwirtschaftliche Nutzfläche müssten im Jahr 2010 dementsprechend 3,4 Millionen Hektar ökologisch bewirtschaftet werden. Die SÖL hat ein Szenario erstellt, in dem dargestellt wird, wie sich die Ökofläche in den nächsten Jahren entwickeln muss, um dieses Ziel zu erreichen. Als Richtwert gilt dabei ein jährliches Wachstum von 20 Prozent (siehe Tabelle 1 und Abbildung 4). Die angegebenen Zahlen sind dabei als Zielvorgaben zu sehen, anhand derer überprüft werden kann, inwieweit das tatsächliche Wachstum mit den Annahmen übereinstimmt.

Tabelle 1: Entwicklung der ökologisch bewirtschafteten Fläche und der Ökobetriebe in Deutschland

Stand jeweils 31.12.	Gesamte Landwirtschaftliche Fläche/Betriebe [1]		Ökologisch bewirtschaftete Fläche/Betriebe nach EU-Verordnung 2092/91 [1] und AGÖL-Richtlinien				Nach den Richtlinien der neun anerkannten Ökoverbände bewirtschaftete Fläche/Betriebe [2]			
	Fläche	Betriebe	Fläche ha	Fläche %	Betriebe	Betriebe %	Fläche ha	Fläche %	Betriebe	Betriebe %
1994	17.209.100	578.033	272.139	1,58	5.866	1,01	184.725	1,07	5.275	0,91
1995	17.182.100	555.065	309.487	1,80	6.641	1,20	310.484	1,81	6.068	1,09
1996	17.228.000	539.975	354.171	2,06	7.353	1,36	326.856	1,90	6.465	1,20
1997	17.200.800	525.101	389.693	2,27	8.184	1,56	351.062	2,04	6.793	1,29
1998	17.232.800	514.999	416.518	2,42	9.209	1,79	359.715	2,09	7.147	1,39
1999	17.103.000	428.964	452.279	2,64	10.400	2,42	374.383	2,19	7.464	1,74
2000	17.067.334	434.130	546.023	3,20	12.740	2,93	414.507	2,43	7.807	1,80
2001 [*]	17.050.000	430.000	655.600	3,67	14.400	3,25	459.328	2,70	8.751	2,00
2002 [**]			787.160	4,63						
2003 [**]			945.130	5,56						
2004 [**]			1.134.800	6,68						
2005 [**]			1.362.530	8,01						
2006 [**]			1.635.960	9,62						
2007 [**]			1.964.260	11,55						
2008 [**]			2.358.440	13,87						
2009 [**]			2.831.730	16,66						
2010 [**]			3.400.000	20,00						

[1] Quelle: Bundesanstalt für Landwirtschaft und Ernährung ; [2] Quelle: ArbeitsGemeinschaft Ökologischer Landbau, Bioland und Demeter; *) SÖL-Schätzung; **) SÖL-Szenario: jährliches Wachstum von 20 %, um im Jahr 2010 einen Ökoflächenanteil von 20 % zu erreichen

3 Entwicklung des Ökolandbaus in Europa

D er ökologische Landbau breitet sich in Europa weiter aus. Ende 2000 (vorläufige Angaben) wurden in der Europäischen Union (EU) knapp 3,8 Millionen Hektar von zusammen mehr als 130.000 Betrieben ökologisch bewirtschaftet. Das sind etwa 3 Prozent der landwirtschaftlichen Nutzfläche und 2 Prozent der landwirtschaftlichen Betriebe (SÖL-Erhebung, 2001). Im Laufe der letzten Jahre hat der ökologische Landbau ein enormes Wachstum erfahren (siehe Abbildung 5). Über ein Drittel der Biobetriebe und mehr als ein Viertel der Biofläche liegen in Italien. Die höchsten Anteile an Fläche und Betrieben hat dagegen Österreich. Deutschland liegt mit 3,2 Prozent der Fläche und knapp 3 Prozent der Betriebe leicht über dem EU-Durchschnitt. Nach Angaben von Lampkin vom Organic Centre Wales hat seit 1995 die Ökofläche in der EU durchschnittlich um 25 Prozent jährlich zugenommen. Für das Jahr 2001 prognostiziert die SÖL aufgrund des gestiegenen Interesses am Ökolandbau wegen der BSE-Krise und durch

Abbildung 5: Flächen- und Betriebsentwicklung des Ökolandbaus in der Europäischen Union

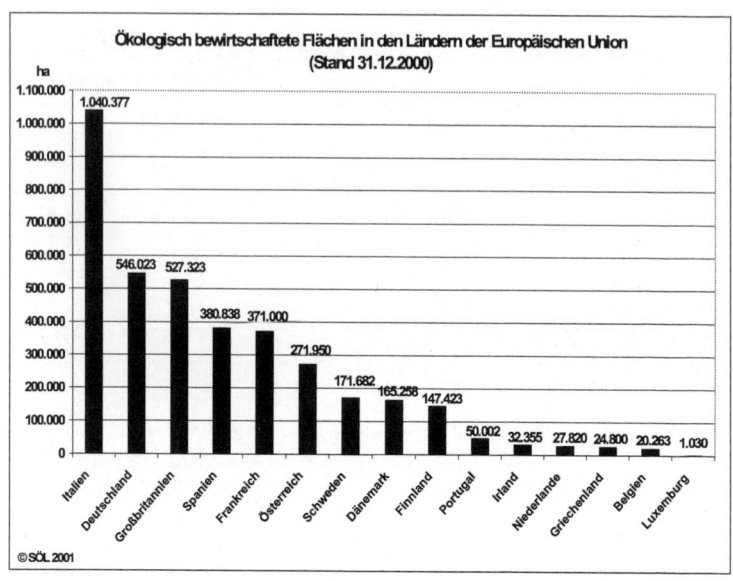

Abbildung 6: Ökologisch bewirtschaftete Flächen in den Ländern der Europäischen Union

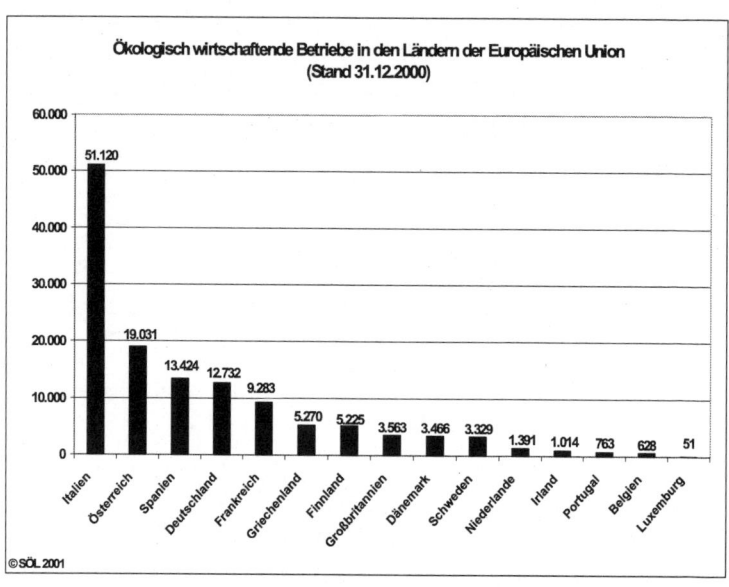

Abbildung 7: Ökologisch wirtschaftende Betriebe in den Ländern der Europäischen Union

Tabelle 2: Weltweiter Markt für Ökoprodukte im Jahr 2000 im Vergleich zu Deutschland
Quelle: ITC in Ökomarkt Forum, Nr. 37 – 14.9.2001

Region	Umsatz mit Bioprodukten (in Mio. Euro)	Anteil am Gesamtlebensmittelmarkt (in Prozent)	Jährlich erwartetes Wachstum (in Prozent)
Deutschland	2.477 – 2.701	1,25 – 1,5	10 - 15
Großbritannien	1.256 – 1.319	1	25 - 30
Italien	1.256 – 1.319	1	15 - 20
Frankreich	844 – 900	1	15 - 20
Schweiz	478 – 506	2 - 2,5	15 - 20
Dänemark	394 - 422	2,5 – 3,0	10 - 15
Österreich	281 - 338	2	10 - 15
Niederlande	253 - 310	0,75 - 1	10 - 20
Schweden	140 – 169	1	20 - 25
Übriges Europa	338 - 450	-	-
Gesamt Europa	7.880	-	-
USA	9.005	1,5	15 - 20
Japan	2.814	-	-
Gesamt	**19.699**	-	-

verstärkte politische Anstrengungen seitens der Regierungen einen starken Zuwachs (siehe Abbildungen 6 und 7)
Der globale Umsatz mit Bioprodukten betrug 2000 nach Angaben des International Trade Centre (ITC) etwa 20 Milliarden Euro und hat sich damit seit 1997 knapp verdoppelt. In Europa waren es ca. 7,9 Mrd. Euro. ITC schätzt das jährliche Marktwachstum in den nächsten Jahren auf ca. 20 Prozent. Der Umsatz an ökologisch erzeugten Produkten am Gesamtlebensmittelmarkt würde in den meisten Industrieländern ein bis zwei Prozent betragen. Für Deutschland gibt ITC ein Marktvolumen von ca. 2,5 Mrd. Euro an, was einem Marktanteil von 1,25 bis 1,5 Prozent entsprechen würde, während Prof. Dr. Ulrich Hamm von der Fachhochschule Neubrandenburg das Marktvolumen für das Jahr 2000 auf rund zwei Mrd. Euro schätzt, was seiner Berechnung nach einem Anteil von 1,6 Prozent am gesamten Lebensmittelmarkt entspräche (vergleiche Kapitel 9). In den USA wird mit neun Mrd. Euro weltweit der größte Umsatz erreicht. Den

größten relativen Anteil am Gesamtlebensmittelmarkt nehmen ökologische Produkte in Dänemark mit 2,5 bis 3 Prozent ein. In der Tabelle 2 sind die Umsätze und Anteile am Gesamtlebensmittelmarkt der ökologischen Produkte (2000) aufgeführt.

Auf einer Konferenz im Mai 2001 in Kopenhagen wurde ein Europäischer Aktionsplan für den ökologischen Landbau vorbereitet. Die Erklärung von Kopenhagen, die von fast allen EU-Landwirtschaftsministern unterzeichnet wurde, ruft die Europäische Kommission zur Auflegung eines solchen Aktionsplans auf. Es ist davon auszugehen, dass zukünftig von europäischer Ebene verstärkte Impulse zugunsten des Ökolandbaus ausgehen werden.

4 Organisationen des ökologischen Landbaus

4.1 Die anerkannten Verbände des ökologischen Landbaus

Die Verbände des ökologischen Landbaus haben, z. T. schon vor Jahrzehnten, Verbands- und Warenzeichen eintragen und patentrechtlich schützen lassen, mit denen die zertifizierten Betriebe ihre Erzeugnisse aus Landwirtschaft und Verarbeitung kenntlich machen. Die Verbraucher kennen und schätzen diese Zeichen, gerade die der älteren oder weit verbreiteten Organisationen, allen voran Demeter, Bioland und Naturland. Die übrigen Verbände Biokreis, ANOG, Ecovin, Ökosiegel, Gäa und Biopark haben in ihrer Region oder in ihrem Produktbereich Verbreitung und Bekanntheit erreicht. Die beiden letztgenannten sind in Ostdeutschland entstanden und haben dort ihre Schwerpunkte (siehe Abbildung 8).

Die politische Vertretung des ökologischen Landbaus wird durch die AGÖL und ihre Mitglieder sowie durch Bioland und Demeter, die im Jahr 2000 aus dem Verbund der AGÖL ausgeschieden sind, wahrgenommen.

ANOG
kontrollierte biologische Produkte

ANOG - Arbeitsgemeinschaft für naturnahen Obst-, Gemüse- und Feldfrucht-Anbau e. V.

Die ANOG wurde 1962 durch Mitglieder des Forschungsrings für Biologisch-Dynamische Wirtschaftsweise e. V. gegründet. Zunächst war der Verband speziell auf chemiefreien Obst- und Gemüseanbau ausgerichtet,

Verbände der ökologischen Landwirtschaft in Deutschland

Die in der Tabelle genannten Verbände bewirtschaften auf 7 807 Höfen zusammen 414 507 ha ökologisch nach den Richtlinien der ArbeitsGemeinschaft Ökologischer Landbau. Das entspricht 2,4 % der landwirtschaftlich genutzten Fläche in Deutschland. (Quellen: AGÖL, 09.02.2001; Agrarbericht 2000; Stand 01.01.2001)

	\multicolumn{7}{c}{Mitglieder der ArbeitsGemeinschaft Ökologischer Landbau (AGÖL)[1]}	
	ANOG	Biokreis	Naturland	BÖW	Ökosiegel	Gäa	Biopark	biologisch dynamisch	organisch biologisch
Gründungsjahr	1962	1979	1982	1985	1988	1989	1991	1924	1971
Warenname und Schutzzeichen	ANOG kontrollierte biologische Produkte	BIO KREIS e.V.	angeschlossen Ökologischer Landbau	ECO VIN	ÖKOSIEGEL	Gäa ÖKOLOGISCHER LANDBAU	BIOPARK	demeter	Bioland ÖKOLOGISCHER LANDBAU
Anbaufläche	2 956	7 299	55 366[2]	875	1 213	38 444	127 244	51 175	129 935
Zahl der Betriebe	67	317	1 357	194	24	354	575	1 336	3 583
Zeitschrift	„ANoG Informationen"	„Bio Nachrichten"	„Naturland Magazin"	Mitteilungen in „Ökologie & Landbau"		„Gäa-Journal"	„Biopark - mit"	„Lebendige Erde" mit „Gartenrundbrief" „Demeterblätter"	„bioland"
Adresse	ANOG für naturnahen Obst-, Gemüse und Feldfruchtanbau e. V. Pützchens Chaussee 60 D-53227 Bonn Tel. 02 28 - 46 12 62 Fax 02 28 - 46 15 58 E-Mail anoger@t-online.de	Biokreis e. V. Heiligengeist-/Ecke Hennengasse D-94032 Passau Tel. 08 51 - 3 23 35 Fax 08 51 - 3 23 32 E-Mail biokreis@t-online.de	Naturland - Verband für naturgemäßen Landbau e. V.[3] Kleinhaderner Weg 1 D-82166 Gräfelfing Tel. 0 89 - 89 80 82-0 Fax 0 89 - 89 80 82-90 E-Mail naturland@naturland.de	ECOVIN, Bundesverband Ökologischer Weinbau e. V. (BÖW) Zuckerberg 19 D-55276 Oppenheim Tel. 0 61 33 - 16 40 Fax 0 61 33 - 16 09 E-Mail eco-vin@t-on-line.de	Ökosiegel e. V. Barrauer Ring 1 D-29581 Gerdau Tel. 0 58 08 - 18 34 Fax 0 58 08 - 18 34	Gäa e. V. - Vereinigung Ökologischer Landbau Am Beutlerpark 2 D-01217 Dresden Tel. 03 51 - 4 01 25 89 Fax 03 51 - 4 01 55 19 E-Mail info@gaea.de	Biopark e. V. Karl-Liebknecht-Str. 26 D-19395 Karow Tel. 03 87 38 - 7 03 09 Fax 03 87 38 - 7 00 24 E-Mail info@biopark.de	Demeter - Bund e. V.[3] Brandschneise 2 D-64295 Darmstadt Tel. 0 61 55 - 84 69 - 0 Fax 0 61 55 - 84 69 -11 E-Mail info@demeter.de	Bioland - Verband für organisch-biologischen Landbau e. V Kaiserstraße 18 D-55116 Mainz Tel. 0 61 31 - 23 97 90 Fax 0 61 31 - 2 39 79 27 E-Mail info@bioland.de

[1] AGÖL e. V., Am Köllnischen Park 1, D-10179 Berlin, Tel. 030 - 23 45 86 50, Fax - 23 45 86 52, http://www.agoel.de
[2] exkl. zertifizierte Waldflächen
[3] Verarbeiter und Händler wenden sich bitte an: Demeter Marktforum, Brandschneise 2, D-64295 Darmstadt, Tel. 0 61 55 - 84 69 - 11
Naturlandzeichen Gesellschaft mbH, Am Haag 5, D-82166 Gräfelfing, Tel 0 89 - 8 54 58 11, Fax 0 89 - 8 54 91 48
ANOG, Bioland, Biopark, Gäa und Ecovin s. o.

© Stiftung Ökologie & Landbau, Weinstraße Süd 51, D-67098 Bad Dürkheim, Tel. 0 63 22 - 98 97 00, Fax 0 63 22 - 98 97 01, E-Mail info@soel.de, http://www.soel.de

Abbildung 8: Verbände der ökologischen Landwirtschaft in Deutschland

mittlerweile betreut er vorrangig Ackerbau- und Tierhaltungsbetriebe. Der regionale Schwerpunkt der Aktivitäten liegt in Nordrhein-Westfalen.

 **Biokreis e. V.**

Der Biokreis ist eine Initiative von Verbrauchern und Bauern. Gegründet wurde er 1979 in Ostbayern, um damit eine gemeinsame Plattform von Verbrauchern und Bauern zu schaffen - zunächst ungeachtet verschiedener Ernährungs- und Anbaurichtungen. 1992 wurde von den Mitgliedern die Vermarktungsgemeinschaft der Biokreis-Bauern GmbH gegründet, die Vermarktungsaufgaben übernahm.

 **Bioland - Verband für ökologischen Landbau e. V.**

1971 wurde in Heiningen (Baden-Württemberg) die Fördergemeinschaft organisch-biologischer Land- und Gartenbau ins Leben gerufen. Ihr Name ist seit 1987 Bioland - Verband für ökologischen Landbau. Dem Bundesvorstand sind vier Fachbeiräte zugeordnet: Landbau, Verarbeitung und Warenzeichen, Öffentlichkeitsarbeit und Zeitschrift sowie Verwaltung, Finanzen und Recht. Die Vermarktung ist in mehreren Landesverbänden und etwa 40 regionalen und überregionalen Erzeugergemeinschaften organisiert. Bioland ist in allen Bundesländern vertreten und gibt die Zweimonatszeitschrift »bio-land« - Fachzeitschrift für den ökologischen Landbau heraus. Gemeinsam mit der SÖL wird die Buchreihe »Praxis des Ökolandbaus« verlegt.

Biopark e. V.

Der Verband Biopark wurde 1991 in Mecklenburg-Vorpommern gegründet und entfaltet inzwischen auch Aktivitäten in anderen Bundesländern.

Demeter
(biologisch-dynamische Agrarkultur)

Der bereits über 75 Jahre bestehende Verband ist vielfältig gegliedert. Im Forschungsring für Biologisch-Dynamische Wirtschaftsweise e. V. treffen sich Landwirte, Gärtner, Berater und Wissenschaftler zur gemeinsamen Arbeit. Hier werden die Erzeugungsrichtlinien festgelegt. Der Forschungsring ist in über 60 Ländern der Inhaber des eingetragenen Warenzeichens Demeter. Er gibt die zweimonatlich erscheinende Zeitschrift »Lebendige Erde« heraus, die sich mit Themen der biologisch-dynamischen Landwirtschaft, Ernährung, Kultur befasst und auch den »Gartenrundbrief« umfasst.

Eine Auskunfts- und Beratungsstelle steht jungen Menschen, die eine Ausbildung innerhalb der biologisch-dynamischen Wirtschaftsweise suchen, mit Rat und Adressen bei.

Der Demeter-Bund ist für den Schutz des Warenzeichens und die Nutzungsverträge zuständig. Im Demeter Marktforum (früher: Arbeitsgemeinschaft für Verarbeitung und Vertrieb von Demeter-Erzeugnissen - AVV) besprechen Verarbeiter und Händler Fragen des Handels.

Das Institut für Biologisch-Dynamische Forschung in Darmstadt ist eine seit 1950 bestehende private Forschungsstätte für Bodenfruchtbarkeit, gesunden Pflanzenbau und Lebensmittelqualität.

In fast allen Bundesländern gibt es regionale Arbeitsgemeinschaften für biologisch-dynamische Landwirtschaft, die Ansprechpartner für die Landwirte und Gärtner sind. Die norddeutschen Vertreter nennen sich Bäuerliche Gesellschaft Nordwestdeutschland.

Der Arbeitskreis für Ernährungsforschung, Bad Vilbel, gibt dreimonatlich den »Ernährungs-Rundbrief« heraus und engagiert sich für eine anthroposophisch orientierte Ernährungskultur.

Ecovin e. V.

Ecovin - vormals Bundesverband Ökologischer Weinbau (BÖW) - wurde 1985 als Dachverband aller bundesdeutschen ökologisch wirtschaftenden Winzer, für die eigene Richtlinien gelten, gegründet. Da der Winzer nicht nur Anbauer, sondern zugleich Verarbeiter und Vermarkter ist und sein Produkt einem besonderen Wein- und Lebensmittelrecht unterliegt, sind spezifische Aktivitäten erforderlich. Ecovin ist mit seinen Regionalverbänden auch Anbauverband all der Winzer, die nicht in einem der anderen ökologischen Verbände organisiert sind.

Gäa - Vereinigung Ökologischer Landbau e. V.

Die Gäa hat ihre Wurzeln in der kirchlichen Umweltbewegung der ehemaligen DDR. Der nach der griechischen Göttin der Erde Gäa genannte Verband wurde 1988 in Goppeln bei Dresden gegründet und arbeitet aktiv an der Umstellung von Agrarbetrieben in den neuen Bundesländern (jeweils mit Landesgeschäftsstellen) und darüber hinaus.

 **Naturland - Verband für naturgemäßen Landbau e. V.**

Der Naturland-Verband wurde 1982 von Praktikern und Wissenschaftlern gegründet. Die Naturland Zeichen GmbH vergibt das Zeichen. Die Naturland Marktgemeinschaften organisieren in den Bundesländern die Vermarktung. Naturland zertifiziert Bioprodukte nicht nur im Inland, sondern auch zahlreiche Projekte im Ausland.

 **Ökosiegel e. V.**

Der Verein wurde 1988 gegründet und arbeitet schwerpunktmäßig in Norddeutschland.

ArbeitsGemeinschaft Ökologischer Landbau (AGÖL)

Der ArbeitsGemeinschaft Ökologischer Landbau (AGÖL) gehören die Verbände Naturland, Biokreis, ANOG, Gäa, Ökosiegel, und Ecovin an. Ende März 2001 traten die Verbände Bioland und Demeter, die zu den Gründungsmitgliedern 1988 gehört hatten, aus der AGÖL aus; Biopark ist zum 31.12.2001 ausgetreten.

Die AGÖL vertritt die gemeinsamen Interessen ihrer Mitglieder nach außen, also gegenüber der allgemeinen Öffentlichkeit sowie Behörden und Verbänden. Nach innen werden in den Gremien der AGÖL die Regeln der eigenen Arbeit in den Rahmenrichtlinien sowie die Kernpunkte der gemeinsamen Positionen zu sonstigen Belangen abgestimmt. Eine neutrale Drittkontrolle der Arbeit der Mitgliedsverbände wird organisiert. Zusammen mit der Centralen Marketinggesellschaft der Deutschen Agrarwirtschaft (CMA) hat die AGÖL ein gemeinsames Öko-Prüfzeichen (ÖPZ) entwickelt. Die im Mai 1999 geschaffene Öko-Prüfzeichen

Aufgaben und Ziele der AGÖL :
- Öffentlichkeits- und Lobbyarbeit für den ökologischen Landbau
- Weiterentwicklung der Rahmenrichtlinien für Erzeugung und Verarbeitung
- Überprüfung der Arbeit der Mitgliedsverbände des ökologischen Landbaus auf die Einhaltung der Rahmenrichtlinien
- Gemeinsame Vertretung der Anliegen des ökologischen Landbaus gegenüber der Öffentlichkeit, den zuständigen Behörden und Verbänden
- Zusammenarbeit mit Personen und Institutionen (u. a. Forschung und Ausbildung) im In- und Ausland
- Projekte, wie Erarbeitung von Vermarktungskonzepten, Kommentierung der EG-Verordnung »Ökologischer Landbau«, Wasserschutz, Gentechnik

GmbH war für die Vergabe des Zeichens zuständig. Jetzt wird das Öko-Prüfzeichen durch das staatliche Bio-Siegel abgelöst, und die ÖPZ-GmbH hat die Funktion der Informationsstelle für das Bio-Siegel übernommen.

4.2 Weitere Organisationen

Nachfolgend werden weitere zentrale Organisationen des ökologischen Landbaus in Deutschland vorgestellt. Adressen und weitere Institutionen des ökologischen Landbaus sind im Anhang aufgeführt. Wichtige Adressen des ökologischen Landbaus international findet man im Mitgliederverzeichnis der IFOAM, der Internationalen Vereinigung Biologischer Landbaubewegungen (IFOAM, 2001). Die SÖL stellt über ihre Internetseite www.soel.de ein umfangreiches Adressverzeichnis zum ökologischen Landbau in Europa zur Verfügung.

 **Stiftung Ökologie & Landbau (SÖL)**

Die gemeinnützige Stiftung Ökologie & Landbau wurde 1962 von Karl Werner Kieffer (1912 - 1995) gegründet. Die SÖL hat es sich zur Aufgabe gemacht, eine zukunftsorientierte Agrarkultur zu fördern, die umweltfreundlich und rohstoffsparend produziert. Die SÖL fördert zahlreiche ökologische Projekte, trägt fundierte Informationen zusammen und verbreitet die gewonnenen Erkenntnisse insbesondere in der Zeitschrift »Ökologie & Landbau«, der Schriftenreihe »SÖL-Sonderausgaben« zu Theorie und Praxis des ökologischen Landbaus, der Buchreihe »Ökologische Konzepte« sowie in dem »Berater-Rundbrief« für die im ökologischen Landbau tätigen Berater. Seit 1999 gibt die SÖL gemeinsam mit Bioland die Buchreihe »Praxis des Ökolandbaus« heraus.

Ziele der SÖL:

- Koordinierung des Erkenntnis- und Erfahrungsaustauschs
- Durchführung von Informations- und Beratungsseminaren
- Forschung für die Theorie und Praxis der Agrarkultur
- Aufbau von Gut Hohenberg, Seminarbauernhof der SÖL in Annweiler-Queichhambach
- Koordination der Beratung und Ausbildung
- Öffentlichkeitsarbeit für gesunde Ernährung und ökologischen Landbau
- Dokumentation (in der Bibliothek befinden sich über 7000 Bücher und ein umfangreiches Archiv)
- Initiativen für Maßnahmen in den Bereichen Ausbildung, Wissenschaft und Praxis, z. B. Koordination der Wissenschaftstagung zum ökologischen Landbau.

Die Informationsblätter der SÖL für Praktiker und Verbraucher behandeln aktuelle Themen kurz und prägnant. Im Internet stellt die SÖL umfassende Informationen zu Themen rund um den ökologischen Landbau zur Verfügung.
Ausführlich über die Aktivitäten der Stiftung informiert der Tätigkeitsbericht, der über die SÖL-Internetseite www.soel.de abrufbar ist.

 **IFOAM und IFOAM-Regionalgruppe deutschsprachige Länder**

IFOAM, der internationale Dachverband des ökologischen Landbaus, wurde 1972 in Versailles bei Paris gegründet. IFOAM kürzt den englischen Namen International Federation of Organic Agriculture Movements (Internationale Vereinigung ökologischer Landbaubewegungen) ab. Die IFOAM-Geschäftsstelle befindet sich seit 1987 im Ökozentrum Imsbach bei Tholey-Theley im Saarland.

Bei anhaltend dynamischem Wachstum sind in dieser Vereinigung neben Einzelmitgliedern über 760 Mitgliedsverbände (Vereinigungen von Biobauern, Verarbeitern, Händlern, Verbrauchern und Forschungsinstituten) und Unternehmen aus über 100 Nationen aller Kontinente zusammengeschlossen.

Eine wichtige Aufgabe der IFOAM ist die Koordination der internationalen Ökolandbauforschung. Alle zwei Jahre wird eine internationale wissenschaftliche Tagung durchgeführt (bisher in der Schweiz, Kanada, Deutschland, Belgien, USA, Burkina Faso, Ungarn, Brasilien, Neuseeland, Dänemark, Argentinien, Basel/Schweiz). Im Jahr 2002 wird die Konferenz in Vancouver, Kanada, stattfinden.

Von der IFOAM werden die weltweit anerkannten internationalen Basisrichtlinien zum ökologischen Landbau erarbeitet. Sie werden ständig aktualisiert (IFOAM, 2000).

Ziele der IFOAM:

- Vertretung der biologischen Bewegung in internationalen Institutionen
- Austausch des Fachwissens unter den Mitgliedern und Information der Öffentlichkeit über die biologische Landwirtschaft
- Formulierung und ständige Aktualisierung der IFOAM-Richtlinien zur biologischen Landwirtschaft
- Verwirklichung eines internationalen Garantiesystems für Produkte aus ökologischem Landbau.

Die IFOAM-Regionalgruppe deutschsprachige Länder (Deutschland, Luxemburg, Österreich, Schweiz) trifft sich seit 1991 regelmäßig zweimal jährlich zum Erfahrungsaustausch. So wurden 1999 die Agenda 2000 und ihre Auswirkungen auf den ökologischen Landbau und die EU-Verordnung zur ökologischen Tierhaltung diskutiert. Die Koordination der IFOAM-Regionalgruppe lag seit 1991 bei der SÖL; seit Ende 2001 ist sie am Schweizer Forschungsinstitut für biologischen Landbau (FiBL) angesiedelt.

Schweisfurth-Stiftung

DieSchweisfurth-Stiftung dient einer neuen Kultur des Umgangs mit der Erde, den Pflanzen, Tieren und Menschen. Sie verfolgt ausschließlich und unmittelbar gemeinnützige Zwecke. Die Schweisfurth-Stiftung fördert Projekte im Bereich ökologischer Landbau. Außerdem vergab sie bis zum Jahr 2001 alle zwei Jahre den Agrarkulturpreis, einen Forschungspreis für Ökologische Ökonomie, einen Forschungspreis für artgemäße Nutztierhaltung sowie die Schweisfurth-Fellowship for Sustainable Development Preis zu wissenschaftlichen Arbeiten zur ökologischen Nutztierhaltung. Die Stiftung richtet derzeit ihren Arbeitsschwerpunkt neu aus.

Zukunftsstiftung Landwirtschaft

Die Zukunftsstiftung Landwirtschaft wurde am 04. Mai 2000 als unselbstständige Stiftung gegründet. Die Geschäftsführung der Zukunftsstiftung Landwirtschaft übernahm die Gemeinnützige Treuhandstelle e. V. (GTS). Die Stiftung verfolgt ausschließlich und unmittelbar gemeinnützige Zwecke.

Mit dem aktuellen Maßnahmen- und Förderprogramm werden Projekte gefördert, die durch ihre Arbeit den Marktanteil ökologisch erzeugter Lebensmittel deutlich steigern und damit dem Biolandbau zum Durchbruch verhelfen. Im Herbst 2001 hat die Zukunftsstiftung Landwirtschaft ein Büro in Berlin eröffnet. Von hier aus wird die Öffentlichkeitsarbeit für den ökologischen Landbau unterstützt.

Gregor-Louisoder-Umweltstiftung

Die Gregor-Louisoder-Umweltstiftung wurde 1995 in München gegründet. Ihren Stiftungszweck, den Schutz der natürlichen Lebensgrundlagen von Menschen, Tieren und Pflanzen, verwirklicht sie durch finanzielle Zuwendungen an Initiativen, die entsprechende Projekte durchführen. Dabei kommen anerkannte Umweltschutzvereine, Naturschutzverbände, Organisationen der ökologischen Landwirtschaft, aber auch engagierte Einzelpersonen, Institute oder Lehrstühle in Frage. Es haben neben professionell abgewickelten Projekten auch kleine, auf ehrenamtlicher Basis durchgeführte Umweltschutzinitiativen gute Chancen auf eine Förderzusage. Außerdem setzt die Stiftung eigene Projekte um und vergibt Preise für vorbildliches Engagement im Umweltbereich. Prinzipiell können alle Projekte gefördert werden, die den aufgeführten Stiftungszielen entgegenkommen.

 **Forschungsinstitut für biologischen Landbau (FiBL)**

Gemeinsam mit dem Schweizer Forschungsinstitut für biologischen Landbau wird seit Anfang 2001 ein deutsches FiBL aufgebaut. Das Institut ist ein gemeinnütziger Verein und finanziert sich aus öffentlichen Beratungs- und Forschungsaufträgen.

Schwerpunkte der Arbeit von FiBL-Deutschland:

Forschung

- Ganzheitliche Tiergesundheit, Komplementärmedizin
- Ökologische Tierzucht
- Ökologische Pflanzenzucht, nachhaltige Anbausysteme
- Verarbeitung und Qualität von biologisch-dynamischen und organisch-biologischen Lebensmitteln

Wissenschaftstransfer und Beratung

- Grüne Gentechnik und Gentechnikfreiheit
- Tiergesundheits- und Tierseuchenpolitik
- Verarbeitung von Ökoprodukten
- Marketing
- Richtlinienentwicklung
- Zertifizierung und Akkreditierung

Service

- Internetdatenbanken und Internetportale (z.B. »Fachinformationssystem Ökologischer Landbau« www.oekolandbau.de/nrw)

Gesellschaft für ökologische Tierhaltung e. V. (GÖT)

In der 1992 gegründeten Gesellschaft arbeiten Wissenschaftler aus Landwirtschaft, Tiermedizin, Biologie und anderen Berufsgruppen zusammen. Die spezifischen Erfahrungen und Kenntnisse der Mitglieder werden gebündelt und weiter entwickelt. Daraus resultieren Handlungsmöglichkeiten, die die Grenzen traditioneller Betrachtungsweisen überschreiten und den engen Wechselbeziehungen zwischen Mensch, Tier und Umwelt gerecht werden. Ziele des Tier-, Natur-, Umwelt- und Verbraucherschutzes sollen auf diese Weise gemeinsam verwirklicht werden.

5 Regionale Verteilung der Biobetriebe

Schwerpunkte der ökologischen Erzeugung in Deutschland liegen vorrangig in Baden-Württemberg, Bayern, Brandenburg, Hessen und Mecklenburg-Vorpommern. Die regionale Verteilung der Biobetriebe, Stand 31.12.2000, lässt sich der von der ZMP erstellten Übersicht »Strukturdaten der nach der Verordnung (EWG) Nr. 2092/91 des Rates vom 24. Juni 1991 wirtschaftenden Unternehmen in Deutschland nach Unternehmensformen sowie der bewirtschafteten Fläche« entnehmen (siehe Tabelle 3). Der größte Teil der ökologisch bewirtschafteten Fläche lag ursprünglich in Süddeutschland. Ab Mitte der neunziger Jahre kamen große Flächenanteile in den neuen Bundesländern hinzu, und sowohl prozentual als auch in absoluten Zahlen gehören Brandenburg und Mecklenburg-Vorpommern nun zu den führenden Bundesländern beim Ökolandbau.
Zurückzuführen sind diese Unterschiede auf die gewaltigen Umbrüche in der ostdeutschen Agrarstruktur nach der deutschen Wiedervereinigung 1989, die sehr großzügige Ausweisung von Naturschutzgebieten unter Nutzungsauflagen, die durch ökologische Bewirtschaftung gut erfüllt werden sowie die Förderwürdigkeit der oft »benachteiligten« Standorte in den östlichen Bundesländern. Da in der ehemaligen DDR – bis auf winzige Nischen – kein Ökolandbau praktiziert wurde, haben sich keine Vorbehalte gegen diese »alternative« Wirtschaftsform gebildet. In den westlichen Bundesländern dagegen hat durch ein nicht selten polemisches Verhalten sowohl der ökologischen als auch der konventionell arbeitenden Landwirte und Berufsverbände der ökologische Landbau ein negatives Image erhalten.
Die gesetzlichen Regelungen, beginnend mit der Extensivierungsförderung 1989, haben viel dazu beigetragen, die »Fronten« durchlässig zu machen.
Über den Stand des Ökolandbaus in den Bundesländern informieren die Tabelle 3 und die Abbildungen 9, 10, 11 und 12.

Tabelle 3: Strukturdaten der nach der Verordnung* (EWG) Nr. 2092/91 des Rates vom 24. Juni 1991 wirtschaftenden Unternehmen in Deutschland nach Unternehmensformen sowie der bewirtschafteten Fläche (Stand: 31.12.2000)

Bundesland	Unternehmen insgesamt	Anzahl der Unternehmen nach Unternehmensformen						Ökologisch bewirtschaftete Fläche 2000		Relativer Anteil		BR Deutschland insgesamt[1])	
		A	AB	AC	B	BC	C	ABC	(in ha)	Vergleich zum Vorjahr (in %)	an landw. Betrieben (in %)	an landw. Nutzfläche (in %)	landw. Betriebe Anzahl	bewirt. Fläche (in ha)
Baden-Württemberg	4.964	3.870	421	0	616	49	7	1	72.822	18,8	6,79	4,98	63.220	1.462.468
Bayern	3.882	3.067	210	0	526	62	14	3	92.130	53,9	2,20	2,81	149.057	3.279.407
Berlin	49	6	1	0	32	6	4	0	73	114,7	-	3,67	-	1.991
Brandenburg	440	378	18	0	40	3	1	0	87.217	18,8	6,06	6,48	6.532	1.346.742
Bremen	38	5	0	0	22	8	3	0	104	38,7	-	1,22	-	8.554
Hamburg	111	26	2	0	35	22	26	0	884	43,0	-	6,47	-	13.659
Hessen	1.657	1.405	73	0	162	8	9	0	51.252	11,0	5,30	6,73	27.913	761.858
Mecklenburg-Vorp.	513	463	14	0	35	1	0	0	90.114	7,1	9,25	6,59	5.003	1.366.729
Niedersachsen	990	637	92	0	227	26	7	1	34.763	27,4	1,16	1,32	62.592	2.628.312
Nordrhein-Westf.	1.050	610	84	0	309	36	9	2	24.506	20,3	1,30	1,64	53.293	1.491.541
Rheinland-Pfalz	551	254	169	0	122	4	2	0	12.736	13,6	1,55	1,78	27.305	715.767
Saarland	83	40	5	0	35	2	1	0	2.542	3,8	2,36	3,32	1.909	76.587
Sachsen	300	173	32	0	94	0	0	1	14.284	27,1	2,88	1,56	7.115	917.873
Sachsen-Anhalt	213	161	14	0	35	2	1	0	23.383	4,8	3,74	2,00	4.677	1.169.894
Schlesw.-Holst.	435	282	37	0	99	14	3	0	18.439	17,2	1,59	1,80	20.028	1.022.790
Thüringen	192	154	29	0	7	2	0	0	20.774	29,3	3,94	2,59	4.642	803.162
Bundesgebiet insgesamt	15.468	11.531	1.201	0	2.396	245	87	8	546.023	20,7	2,93	3,20	434.130	17.067.334

A = erzeugende Betriebe, B = verarbeitende Betriebe, C = Importeure, *) Unternehmen der Gruppen A, AB, und AC mit einer LF > 1 ha
Quelle: ZMP, 2001; Bundesanstalt für Landwirtschaft und Ernährung (BLE); Statistisches Bundesamt, 2001

Ökologisch bewirtschaftete Fläche in Hektar
- nach Bundesländern -
(Stand 31.12.2000)

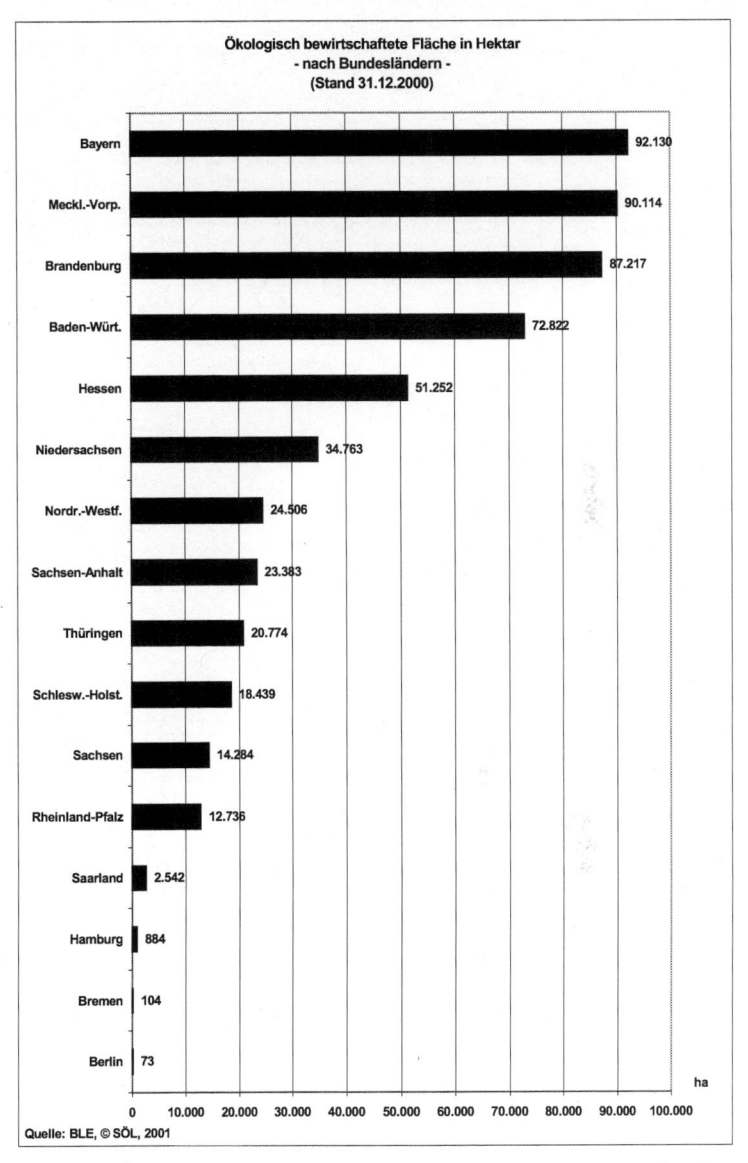

Bundesland	Hektar
Bayern	92.130
Meckl.-Vorp.	90.114
Brandenburg	87.217
Baden-Würt.	72.822
Hessen	51.252
Niedersachsen	34.763
Nordr.-Westf.	24.506
Sachsen-Anhalt	23.383
Thüringen	20.774
Schlesw.-Holst.	18.439
Sachsen	14.284
Rheinland-Pfalz	12.736
Saarland	2.542
Hamburg	884
Bremen	104
Berlin	73

Quelle: BLE, © SÖL, 2001

Abbildung 9: Ökologisch bewirtschaftete Fläche in Hektar - nach Bundesländern -(Stand: 31.12.2000)

**Anteil der ökologisch bewirtschafteten Fläche in Prozent
- nach Bundesländern -
(Stand 31.12.2000)**

Bundesland	%
Hessen	6,73
Meckl.-Vorp.	6,59
Brandenburg	6,48
Hamburg	6,47
Baden-Würt.	4,98
Berlin	3,67
Saarland	3,32
Bayern	2,81
Thüringen	2,59
Sachsen-Anhalt	2,00
Schlesw.-Holst.	1,80
Rheinland-Pfalz	1,78
Nordr.-Westf.	1,64
Sachsen	1,56
Niedersachsen	1,32
Bremen	1,22

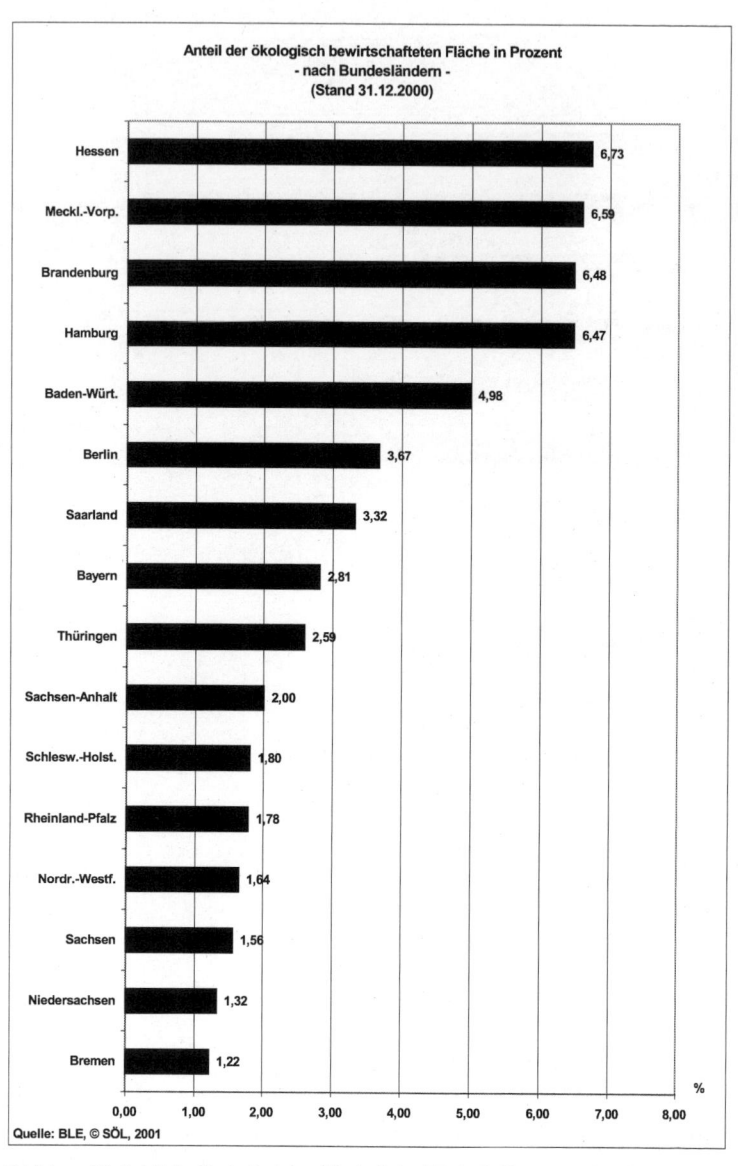

Quelle: BLE, © SÖL, 2001

Abbildung 10: Anteil der ökologisch bewirtschafteten Fläche in Prozent - nach Bundesländern - (Stand: 31.12.2000)

Ökologisch wirtschaftende Betriebe
- nach Bundesländern -
(Stand: 31.12.2000)

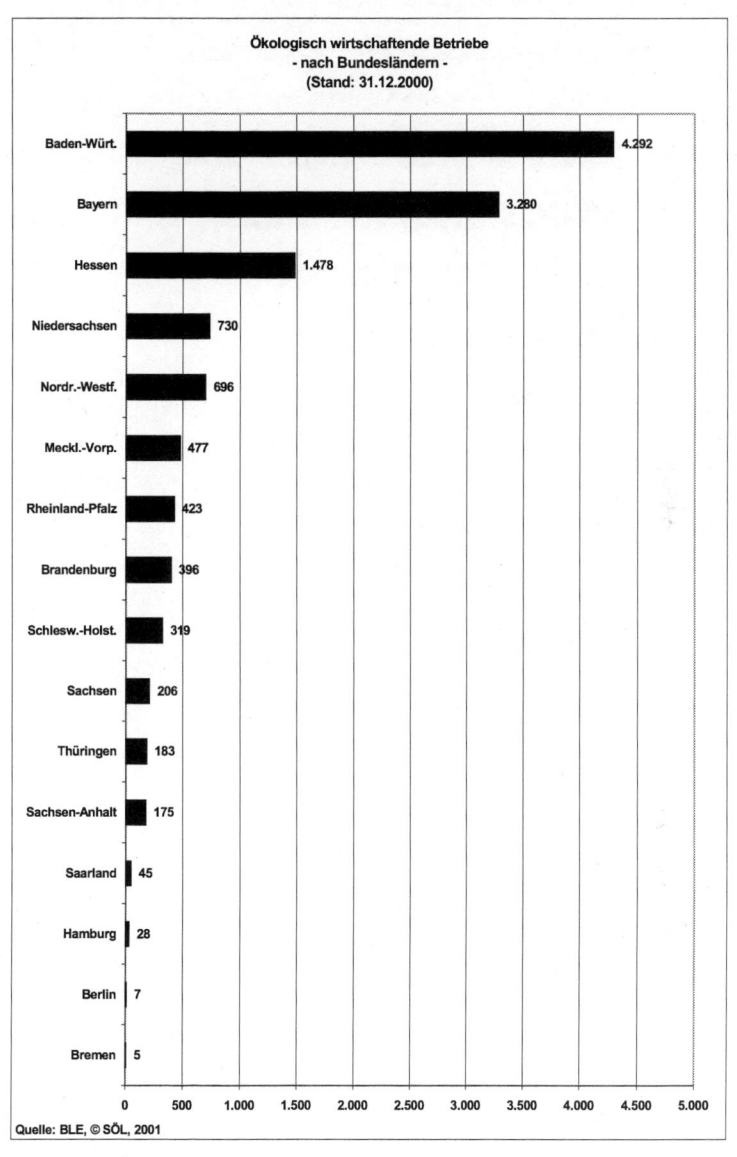

Bundesland	Betriebe
Baden-Würt.	4.292
Bayern	3.280
Hessen	1.478
Niedersachsen	730
Nordr.-Westf.	696
Meckl.-Vorp.	477
Rheinland-Pfalz	423
Brandenburg	396
Schlesw.-Holst.	319
Sachsen	206
Thüringen	183
Sachsen-Anhalt	175
Saarland	45
Hamburg	28
Berlin	7
Bremen	5

Quelle: BLE, © SÖL, 2001

Abbildung 11: Ökologisch wirtschaftende Betriebe - nach Bundesländern - (Stand: 31.12.2000)

Anteil ökologisch wirtschaftender Betriebe in Prozent - nach Bundesländern - (Stand 31.12.2000)

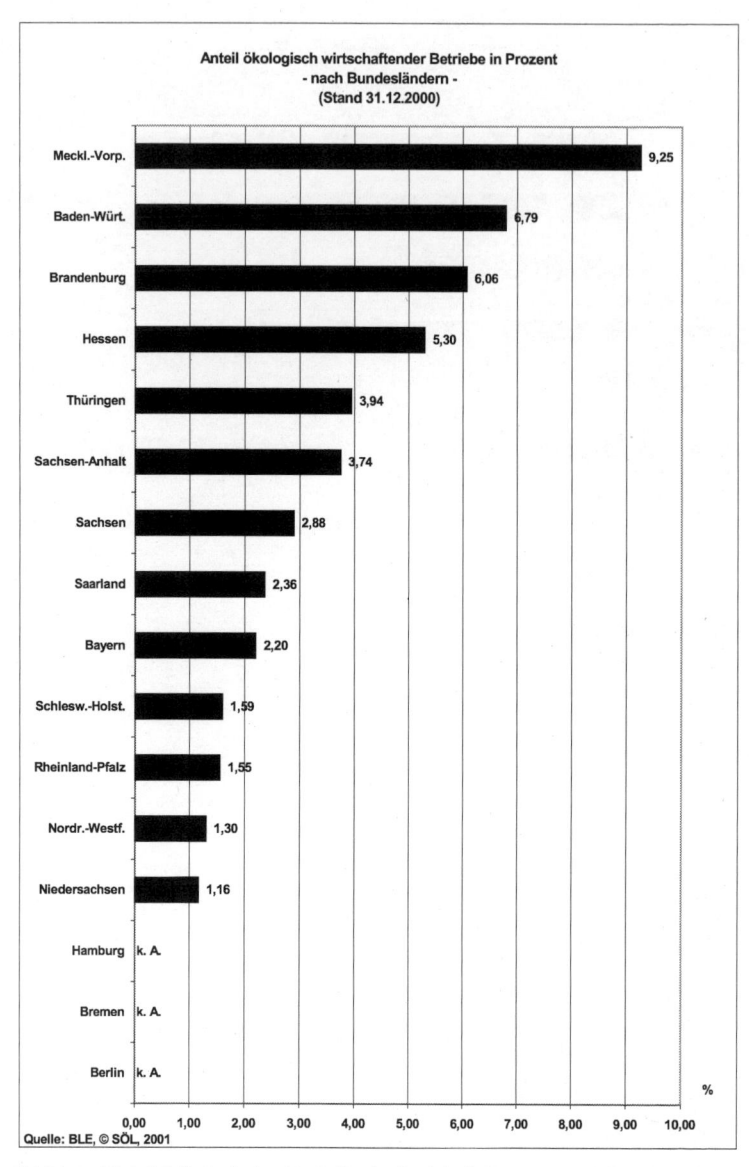

Bundesland	%
Meckl.-Vorp.	9,25
Baden-Würt.	6,79
Brandenburg	6,06
Hessen	5,30
Thüringen	3,94
Sachsen-Anhalt	3,74
Sachsen	2,88
Saarland	2,36
Bayern	2,20
Schlesw.-Holst.	1,59
Rheinland-Pfalz	1,55
Nordr.-Westf.	1,30
Niedersachsen	1,16
Hamburg	k. A.
Bremen	k. A.
Berlin	k. A.

Quelle: BLE, © SÖL, 2001

Abbildung 12: Anteil ökologisch wirtschaftender Betriebe in Prozent - nach Bundesländern - (Stand: 31.12.2000)

6 Bodennutzung und Tierhaltung

Grünlandnutzung, Leguminosenanbau, die Erzeugung von Gemüse und Obst sowie Schaf- und Ziegenfleisch haben überdurchschnittliche Bedeutung im ökologischen Landbau im Vergleich zur gesamten landwirtschaftlichen Produktion in Deutschland. Dagegen wird vergleichsweise wenig Schweine- und Geflügelfleisch produziert. Das haben Schätzungen der Zentralen Markt- und Preisberichtstelle für Erzeugnisse der Land-, Forst- und Ernährungswirtschaft GmbH (ZMP) ergeben. Sie liefern einen Anhaltspunkt für die Größenordnung der Ökoproduktion in Deutschland (ZMP, 2001) (siehe Tabelle 4).

Tabelle 4: Geschätzte Ökoproduktion in Deutschland 1999 (ZMP, 2001)

	Öko-Produktionsstruktur	Öko-Produktionsvolumen	Gesamtproduktion	Öko-Anteil an Gesamtproduktion
Betriebe	10.400		428.946	2,42 %
Fläche	452.279 ha		17.103.000 ha	2,64 %
Ackerland	225.000 ha		11.821.479 ha	1,90 %
Grünland ohne Streuobstnutzung	215.000 ha		5.113.788 ha	4,20 %
Ackerbau				
Getreide	100.000 ha	350.000 t	45.271.000 t	0,77 %
Ackerbohnen	2.500 ha	8.000 t	95.936 t	8,34 %
Futtererbsen	10.000 ha	20.000 t	610.039 t	3,28 %
Kartoffeln	5.000 ha	112.500 t	11.568.000 t	0,97 %
Zuckerrüben	300 ha	13.500 t	3.450.000 t	0,39 %
Ölsaaten zur Körnergewinnung	11.000 ha	22.000 t	4.368.000 t	0,50 %

Tabelle 4 Fortsetzung: Geschätzte Ökoproduktion in Deutschland 1999, (ZMP, 2001)

	Öko-Produktionsstruktur	Öko-Produktionsvolumen	Gesamtproduktion	Öko-Anteil an Gesamtproduktion
Sonderkulturen ohne Streuobst				
Gemüse [1]	5.300 ha	120.098 t	2.910.000 t	4,13 %
Obst [1]	5.300 ha	52.338 t	1.331.000 t	3,93 %
Tierhaltung inkl. Umstellung				
Rindfleisch		36.000 t	1.438.600 t	2,50 %
Schweinefleisch		10.000 t	3.979.800 t	0,25 %
Schaf- und Ziegenfleisch		5.500 t	44.300 t	12,42 %
Geflügelfleisch		2.600 t	825.800 t	0,31 %
Eier		150 Mio. Stück	14.342 Mio. Stück	1,05 %
Milch		335.000 t	28.334.000 t	1,18 %

[1] Verkaufsanbau

7 Ökologischer Weinbau

Deutschland ist einer der besten Märkte für Weine aus ökologischem Anbau. Die von AGÖL-Mitgliedsbetrieben bewirtschafteten Rebflächen belaufen sich auf 1391 ha (ca. 1,5 Prozent der deutschen Rebfläche), die jährliche Erzeugung macht mit ca. 8 Mio. Liter etwa ein Prozent der deutschen Weinerzeugung aus (Stand: 01.07.2001). Zwei Drittel der Ökowinzer in Deutschland sind Mitglied im ECOVIN-Bundesverband (siehe Tabelle 5).
Nach fast exponentiellem Wachstum zu Anfang der 90er Jahre, stagniert derzeit die weitere Ausweitung des ökologischen Weinbaues: leichter Rückgang bei den Betriebszahlen (- 4 %), leichter Zuwachs bei den Flächen (+ 3 %) (siehe Abbildung 13).

Abbildung 13: Entwicklung des ökologischen Weinbaus in Deutschland (Quelle: Köpfer/Gehr/Lünzer 2002, April 2001)

Tabelle 5: Ökologischer Weinbau in Deutschland, Stand: 01.01.2001

Verband	Betriebe	Fläche (ha)
Ecovin	194	874
Bioland	122	292
Naturland	17	124
Wein aus Demeter-Trauben	23*)	91*)
Gäa	2	11
Gesamt	**358**	**1391**

*) Stand: 01.01.2000
Quelle/Zusammenstellung: Stiftung Ökologie & Landbau, April 2001

8 Richtlinien und Zertifizierung

8.1 Richtlinien der Verbände und EG-Verordnung über den ökologischen Landbau

Die Regeln der Verbände (AGÖL, 2000) gehen sowohl in der Produktion als auch in der Verarbeitung an entscheidenden Punkten über die gesetzlichen Vorgaben der EG-Verordnung Ökolandbau (Nr. 2092/91/EWG) hinaus (Schmidt/Haccius, 1994; Schmidt/Haccius, 1998) (siehe Tabelle 6). Strikte Umstellung des Gesamtbetriebs wird vorgeschrieben. Die Positivlisten für Pflanzenschutz- und Düngemittel sowie zulässige konventionelle Futtermittel sind enger gefasst als der gesetzliche Standard.
Die Positivlisten der EG-Verordnung Öko-Landbau über zugelassene Zusatz- und Hilfsstoffe in der Verarbeitung von Öko-Erzeugnissen werden in den AGÖL-Rahmenrichtlinien für die Verarbeitung dadurch weiter eingegrenzt, dass Enzyme nur jeweils für spezifische Zwecke und nicht alle gebräuchlichen Enzyme erlaubt sind.
Diese zusätzlichen Anforderungen werden auf ihre Einhaltung genauso überprüft wie die gesetzlichen Normen im Rahmen des vorgeschriebenen Kontrollverfahrens. Dies geschieht durch dieselben Kontrollstellen, die vom Staat für die Überwachungsaufgaben im Bereich des ökologischen Landbaus zugelassen und ihm berichtspflichtig sind.
Am 19. Juni 1999 hat der Agrarministerrat der EU sich über den noch fehlenden Teil der Verordnung für die Tierhaltung und Erzeugnisse aus tierischer Produktion geeinigt. Diese sogenannte EU-Tierhaltungsverordnung trat am 24.8.2000 in Kraft. Bereits ab Herbst 1999 galt der in der Tierhaltungsverordnung festgelegte Ausschluss gentechnischer Verfahren und gentechnisch veränderter Organismen.
Einführende Hinweise für Landwirte zur Umsetzung der EG-Verordnung ökologischer Landbau findet man auf den Internetseiten des Lan-

des Nordrhein-Westfalen (Ministerium für Naturschutz, Ernährung, Landwirtschaft und Verbraucherschutz des Landes Nordrhein-Westfalen (MUNLV) (2001).

Im November 2001 hat sich Bundesverbraucherschutzministerin Renate Künast gegenüber EU-Landwirtschaftskommissar Franz Fischler dafür ausgesprochen, die EG-Öko-Verordnung in wesentlichen Punkten zügig weiterzuentwickeln. Künast übersandte das »Memorandum der Regierung der Bundesrepublik Deutschland zur Weiterentwicklung der Vorschriften über den ökologischen Landbau« an den Kommissar und informierte ihn über ihre Absicht, dieses Memorandum in den Agrarrat einzubringen. Das Memorandum wurde in enger Abstimmung mit allen wichtigen Beteiligten entwickelt - u. a. Biobauern, Umwelt- und Verbraucherverbänden sowie Handel und Handwerk. Ministerin Künast schlägt vor, die Anforderung der Gesamtbetriebsumstellung in die EU-Verordnung aufzunehmen, die Positivlisten für Dünge- und für Futtermittel zu kürzen, festzulegen, dass auch bei kooperierenden Betrieben der Hauptteil des Futters aus dem eigenen Betrieb stammen muss und den Großhandel ebenfalls in den Kreis der kontrollunterworfenen Unternehmen mit aufzunehmen.

8.2 Kontrollstellen und Kontrollbehörden

Im Zuge der Implementierung der EG-Verordnung über den ökologischen Landbau hat die föderal strukturierte Bundesrepublik 22 Kontrollbehörden ernannt, die die über 20 privaten Kontrollstellen zugelassen haben und darüber wachen, dass sie gemäß der EG-Verordnung arbeiten. Die Behörden koordinieren ihre Aktivitäten in der Länderarbeitsgemeinschaft der Öko-Kontrollbehörden (LÖK). Das für das Jahr 2002 vorgesehene deutsche Öko-Landbau-Gesetz sieht vor, bestimmte Aufgaben zentral durch die Bundesanstalt für Landwirtschaft und Ernährung (BLE) in Frankfurt durchführen zu lassen.

Die Kontrollstellen bündeln ihre Interessen mit Hilfe von zwei Zusammenschlüssen, der Konferenz der Kontrollstellen (KdK) mit Sitz in Göttingen sowie der Arbeitsgemeinschaft der Kontrollstellen (AGK) mit jährlich rotierendem Vorsitz unter den Mitgliedsfirmen.

Tabelle 6: Das neue Biosiegel und die strengeren AGÖL-Richtlinien im Vergleich. Die einzelnen Verbände haben teilweise noch konsequentere Richtlinien (vereinfachte Darstellung, modifiziert nach test 11/2001 und EG- und AGÖL-Richtlinien)

	Biosiegel	**AGÖL-Rahmenrichtlinien**
	Nach der EG-Verordnung Ökologischer Landbau von 1991 und 1999	Nach den AGÖL-Richtlinien 2000 Biokreis, Naturland, ANOG, Ecovin, Gäa, Ökosiegel, Biopark sowie Bioland und Demeter, die seit 2001 nicht mehr der AGÖL angehören (rund 80 Prozent aller Biolandwirte)
Hofstruktur	Die Betriebe können auch teilweise auf ökologische Bewirtschaftung umgestellt werden.	Betriebe müssen ganz auf ökologischen Anbau umstellen. Ziel: Kreislaufwirtschaft.
Umstellung	Sie dauert mindestens zwei Jahre nach der letzten Aussaat. In Ausnahmefällen kann die Kontrollstelle die Zeit verlängern oder verkürzen.	Sie muss innerhalb von zwei bis fünf Jahren (evtl. auch schrittweise) erfolgen. In dieser Zeit sind konventionelle und ökologische Bereiche deutlich zu trennen. Pflanzliche Produkte dürfen frühestens zwei Jahre nach Umstellung als »bio« verkauft werden. Tierische Produkte können nur als »bio« auf den Markt, wenn Futterflächen ein Jahr umgestellt sind..
Gentechnik	Gentechnisch veränderte Organismen und deren Derivate sind in allen Bereichen verboten.	
Tierhaltung		
Tierherkunft und -zukauf	Tiere sollten aus ökologischem Landbau stammen. Um erstmalig einen Bestand aufzubauen, kann Vieh (mit Altersbeschränkungen) auch aus konventionellen Betrieben stammen.	Tiere dürfen nur von AGÖL-Mitgliedshöfen gekauft werden. Nur in Ausnahmefällen: Zukauf erst aus extensiver, dann aus konventioneller Landwirtschaft (mit Altersbegrenzung). Rinder als Bioware müssen von einem Ökohof stammen.

Tabelle 6 Fortsetzung: Das neue Biosiegel und die strengeren AGÖL-Richtlinien im Vergleich. Die einzelnen Verbände haben teilweise noch konsequentere Richtlinien (vereinfachte Darstellung, modifiziert nach test 11/2001 und EG- und AGÖL-Richtlinien)

	Biosiegel	AGÖL-Rahmenrichtlinien
Tierfutter	Futter muss ökologischer Herkunft sein, bis zum 24. August 2005 dürfen Bauern bestimmte Anteile konventioneller Futtermittel verwenden (bei Pflanzenfressern 10 %, bei anderen Arten 20 % im Jahr).	Futter muss mindestens zur Hälfte auf dem Hof produziert werden. Wird konventionelles Futter zugekauft (für Rinder und kleine Wiederkäuer max. 10 %, für Schweine 15 %, für Geflügel 20 %), ist besonders auf Rückstände zu achten.
	Die Positivliste für Ausnahmefutter umfasst 80 Produkte. Antibiotika, Kokzidiostatika, andere Arzneimittel, Wachstums- und Leistungsförderer, Tierkörpermehl sind verboten. Fischmehl jedoch nicht.	Die Positivliste des Ausnahmefutters umfasst 10 Rohstoffe. Antibiotika, Kokzidiostatika, andere Arzneimittel, Wachstums- und Leistungsförderer, Tierkörpermehl und Fischmehl sind verboten.
Tierhaltung	Artgerecht. Grundsätzlich Zugang zu Freiland, Bewegungsfreiheit und reichlich Licht im Winterquartier. Ställe von Säugetieren müssen mindestens zur Hälfte festen Boden haben (keine Spalten oder Gitter). Geflügel darf nicht in Käfigen gehalten werden, muss zwei Drittel seines Lebens draußen verbringen, Ställe müssen ein Drittel festen Boden haben. Verboten: Schwänze kupieren, Zähne abkneifen, Schnäbel stutzen, enthornen. Tiere dürfen in der Regel nicht angebunden werden.	
Ackerwirtschaft		
Düngerzukauf	Tierische Zukaufsdünger sind beschränkt. Mist: bis zu 25 % auch aus Extensivhaltung. Gülle: aus konventioneller, jedoch nicht aus landloser Tierhaltung. Erlaubt: Seevogeldünger Guano.	Nur Mist darf als Dünger tierischer Herkunft zugekauft werden. Flüssiger Wirtschaftsdünger (Gülle, Jauche), Geflügelmist und Vogeldung Guano sind als Zukaufsdünger verboten.

Tabelle 6 Fortsetzung: Das neue Biosiegel und die strengeren AGÖL-Richtlinien im Vergleich. Die einzelnen Verbände haben teilweise noch konsequentere Richtlinien (vereinfachte Darstellung, modifiziert nach test 11/2001 und EG- und AGÖL-Richtlinien)

	Biosiegel	AGÖL-Rahmenrichtlinien
Saat- und Pflanzgut	\multicolumn{2}{l	}{Saatgut und vegetatives Vermehrungsmaterial muss, soweit verfügbar, aus anerkannt ökologischem Landbau stammen. Nicht ökologisches Vermehrungsmaterial bedarf einer Ausnahmegenehmigung. Keine chemisch-synthetischen Beizmittel.}
Gemüse und Kräuter	\multicolumn{2}{l	}{Mindestens alle vier Jahre Bodenproben. Gemüseanbau nur auf Erde. Erlaubt: Chicorée und Sprossen auf Wasser treiben zu lassen. Torf nur für Anzuchtsubstrate und Topferden. Glas- und Folienhäuser sollten in der Regel nur beheizt werden, wenn es im Herbst und Vorfrühling kalt ist. Im Winter dürfen die Kulturflächen lediglich bei 5 Grad frostfrei gehalten werden. Ausgenommen: Jungpflanzen, Treiberei, Topfkräuter.}
Pflanzenschutzmittel	\multicolumn{2}{l	}{Schädlinge und Krankheiten sollen reduziert werden durch geeignete Fruchtfolge und Sortenwahl, mechanische Bodenbearbeitung, angepasste Düngung und vorbeugende Maßnahmen wie Fliegengitter. Nützlinge sollen gelockt, Beikräuter schonend und maßvoll reduziert werden. Bei Befall sind chemisch-synthetische Mittel verboten und nur wenige Substanzen auf Naturbasis zugelassen.}
Verarbeitung	Ökoprodukte müssen zu mindestens 95 Prozent aus Zutaten ökologischer Herkunft bestehen. Eine Positivliste umfasst 36 Lebensmittelzusatzstoffe nicht landwirtschaftlichen Ursprungs. Eine weitere Liste schreibt 31 Verarbeitungshilfsstoffe vor. Zutaten wie Nüsse, Kräuter, Algen, Fette, Zucker müssen nicht »öko« sein.	Ökoprodukte müssen zu mindestens 95 Prozent aus Zutaten ökologischer Herkunft bestehen. Die Liste zulässiger Verarbeitungszutaten und Verfahren sind enger gefasst. Viele Verfahren sind verboten, zum Beispiel Milch ultrahoch zu erhitzen oder Saft aus Fruchtsaftkonzentrat herzustellen.
Kontrolle	\multicolumn{2}{l	}{Mindestens einmal jährlich Betriebsbesichtigung, dazu kommen nicht angekündigte Stichproben. Der Bewirtschafter muss bis ins Kleinste Buch führen: Welche Waren wurden wann zu welchem Zweck in welcher Menge ge- oder verkauft? Stalltagebuch dokumentiert Futter- und Viehkäufe, Medikamenteneinsatz. Einkauf und Einsatz von Putz- und Pflanzenschutzmitteln muss belegt werden.}

8.3 Das staatliche Bio-Siegel

Im Mai 2001 wurde vom deutschen Verbraucherschutzministerium ein staatliches Siegel für Erzeugnisse der Ökolandwirtschaft beschlossen (siehe auch Kapitel 8.1). Das von Ministerin Renate Künast initiierte und von einer großen Allianz aus Handel, Verbänden und Politik vereinbarte Bio-Siegel für Produkte des ökologischen Landbaus wurde am 5.9.2001 der Öffentlichkeit vorgestellt. Mit dem Siegel können alle Erzeugnisse gekennzeichnet werden, die entsprechend der EG-Öko-Verordnung produziert (mindestens 95 Prozent Öko-Bestandteile) und kontrolliert werden. Die Verwendung ist freiwillig. Die Anbieter müssen nicht auf eigene Markennamen oder Ökozeichen verzichten.

Bis Ende 2001 wurde das Gesetzgebungsverfahren abgeschlossen. Die notwendige Durchführungsverordnung steht für das Jahr 2002.

Das Verbraucherministerium will die Information der Verbraucher über das Bio-Siegel mit einer umfassenden Werbekampagne im Jahr 2002 unterstützen. Bereits jetzt ist ein Infomobil unterwegs.

Interessierte Marktteilnehmer können sich an die Informationsstelle Bio-Siegel bei der Öko-Prüfzeichen GmbH wenden. Diese sorgt dafür, dass die Markteinführung des Bio-Siegels schnell und unbürokratisch organisiert wird.

Das noch bestehende, 1999 eingeführte Öko-Prüfzeichen als verbandsübergreifendes Zeichen lobt solche Produkte aus, die den gesetzlichen Standard, also die EU-Verordnung über den ökologischen Landbau sowie zusätzlich die Rahmenrichtlinien der ArbeitsGemeinschaft Ökologischer Landbau (AGÖL) erfüllen. Diese Richtlinien gehen zum Teil über den gesetzlichen Standard hinaus. Als Folge der Einführung des staatlichen Biosiegels wird das Öko-Prüfzeichen parallel zur Einführung des neuen Bio-Siegels vom Markt genommen. »Eine Übergangsfrist bis Ende 2002 ist allerdings notwendig, damit das Verpackungsmaterial der Öko-Prüfzeichen-Nutzer aufgebraucht werden kann und somit kein finanzieller Schaden für sie entsteht«, so die Informationsstelle Bio-Siegel.

8.4 Das EU-Emblem

Anfang 2000 hat die Europäische Kommission ein Emblem für Produkte aus ökologischem Landbau vorgelegt. Dieses kann für Erzeugnisse, die den Anforderungen der EU-Verordnung entsprechen, verwendet werden und ist zunehmend auch auf Bioprodukten in Deutschland zu finden. Seine Gestaltung ist allerdings sehr ähnlich wie die anderer Zeichen der Europäischen Union, die auf traditionelle Spezialitäten oder auf bestimmte geografische Herkünfte (sog. geschützte Ursprungsbezeichnung) verweisen. Dadurch leistet das Zeichen der EU eine wesentliche Aufgabe, die Verbraucherinnen und Verbraucher klar über die ökologische Qualität eines Erzeugnisses zu informieren, gerade nicht.

Das EU-Zeichen garantiert, dass die so gekennzeichneten Erzeugnisse der EU-Verordnung für den ökologischen Landbau entsprechen. Mit diesem Siegel dürfen nur Waren gekennzeichnet werden, deren Rohstoffe ausschließlich in der EU erzeugt und kontrolliert werden und die zu mindestens 95 Prozent aus ökologischer Erzeugung stammen.

8.5 Weitere Ökozeichen; Ökoprodukte aus anderen Ländern

In Supermärkten sind auf Produkten aus ökologischem Landbau häufig die Eigenmarken verschiedener Lebensmittelketten zu finden. Dies sind z. B. Naturkind (Tengelmann), Füllhorn (Rewe), Terra Pura (tegut), Grünes Land (Metro) und Alnatura (dm, tegut, Budnikowsky, Alnatura-Läden), Bio-Wertkost (Edeka), Pro natur (Spar). Die Rohstoffe für diese Produkte stammen von Betrieben, die nach der EG-Bio-Verordnung wirtschaften oder von Mitgliedsbetrieben eines anerkannten Verbandes des ökologischen Landbaus.

Es gibt andere Marken-, Herkunfts- und Gütezeichen auf Produkten aus ökologischer Erzeugung, die aufzuführen den Rahmen dieses Beitrages sprengen würde (vgl. AID, 1996). Sie können den Länderberichten der Internetseite www.organic-europe.net zum ökologischen Landbau in Europa entnommen werden.

Ökoprodukte, die nicht aus EU-Ländern stammen, müssen ebenfalls mit der Codenummer einer Kontrollstelle in einem EU-Land oder Argentinien, Israel, Australien, Ungarn, Tschechische Republik oder Schweiz versehen sein. Oft sind die Namen der Kontrollstellen des jeweiligen Landes zusätzlich aufgeführt.

8.6 Folgende Bezeichnungen stehen nicht für ökologische Lebensmittel (siehe auch Übersicht 1)

Aus extensiver Landwirtschaft

Unter extensiver Bewirtschaftung wird vor allem der weniger intensive Einsatz ertragssteigernder Betriebsmittel (Düngemittel, Pflanzenschutzmittel) verstanden. Eine Extensivierung der Landwirtschaft ist aus umweltpolitischen Gründen positiv zu bewerten. Oft wird jedoch bereits die Reduzierung des Einsatzes von chemisch-synthetischem Dünger als Extensivierung bezeichnet; dies hat nichts mit ökologischem Landbau zu tun, denn dieser verzichtet u. a. vollständig auf mineralische Stickstoffdünger.

Aus kontrolliertem umweltschonendem Anbau

Beim »kontrollierten Vertragsanbau« werden Verträge zwischen Erzeugern und Verarbeitern geschlossen, in denen die Art und Weise des Anbaus festgelegt werden, z. B. reduzierte Stickstoffdüngung, Verzicht auf chemische Pflanzenschutzmittel mit Wasserschutzauflage, manchmal weitergehender Verzicht auf Chemie. Die Definitionen sind unterschiedlich und doch ist allen Programmen gemeinsam: Sie werben mit »umweltverträglicher« oder »umweltschonender« Produktion. So gilt jede Rückführung der Intensität schon als umweltverträglich. Die Aussage ist klar und deutlich: »kontrollierter Vertragsanbau« ist eine Form der konventionellen Landwirtschaft. In aller Regel erfolgt keine Kontrolle der Einhaltung der Regeln durch unabhängige Dritte, wie das im Ökolandbau gängiger gesetzlicher Standard ist.

Biolebensmittel werden nicht selten mit ähnlich klingenden Begriffen beworben – verbreitet ist »kbA – kontrolliert biologischer Anbau«, dies allerdings in der Regel zusätzlich zu einem geschützten Begriff und in jedem Fall der Öko-Kontrollstellennummer.

Aus integrierter nachhaltiger Erzeugung

Um einer Ausweitung des Chemieeinsatzes in der Landwirtschaft entgegenzutreten und der wachsenden Umweltsensibilität der Verbraucher gerecht zu werden, wurde gegen Ende der 70er Jahre der Begriff »integrierter Pflanzenbau« aus dem Obstbau im Pflanzenbau übernommen. Bei steigendem Misstrauen der Verbraucher gegen die Umweltchemikalien propagierte auch die chemische Industrie das Prinzip des »integrierten Pflanzenbaus«. Beim Pflanzenschutz sollen chemische Maßnahmen nur nach Schad- oder Bekämpfungsschwellen durchgeführt und Nützlinge eingesetzt werden. Doch wegen der mangelnden Verwirklichung echt integrierender Maßnahmen wurde nur eine Kappung übermäßiger chemischer Intensitäten anstatt eine ganzheitliche ökologische Umorientierung der Landwirtschaft erreicht. Heute gehören die Grundsätze des »integrierten Pflanzenbaus« zur gesetzlich vorgeschriebenen »guten fachlichen Praxis« und sind somit eine

Übersicht 1: Kennzeichnung konventioneller und ökologischer Lebensmittel

Konventionelle Landwirtschaft	Ökologischer Landbau
Auslobung mit folgenden Begriffen: kontrolliert integriert extensiv umweltschonend ungespritzt zertifiziert naturgerecht rückstandskontrolliert alternativ	Verbandsstandard: Höchststandard für alle Ökoprodukte Neben der obligatorischen Codenummer der Öko-Kontrollstelle stehen hier Zeichen der Öko-Anbauverbände oder das Bio-Siegel. EU-Standard nach EG-Bio-Verordnung: Mindeststandard für pflanzliche und seit Mitte August 2000 auch für tierische Ökoprodukte. Obligatorisch ist auf diesen Produkten die Codenummer der Öko-Kontrollstelle.
Darüber hinaus existieren viele ähnliche Begriffe. Diese Begriffe haben nichts mit ökologischem Landbau zu tun und sind Bezeichnungen für konventionelle Lebensmittel.	Prinzip: Länderkürzel + Nummern- oder Buchstabenkombination. In Deutschland: DE 0XX Öko-Kontrollstelle (X steht für eine Ziffer)

Selbstverständlichkeit für jeden Landwirt. »Integriert« ist keine Möglichkeit mehr zur Abgrenzung gegenüber »konventionell«.

Irreführung

Wer falsch deklarierte konventionelle Produkte entdeckt, die mit für ökologische Lebensmittel reservierten Begriffen beworben werden, kann sich an die AGÖL wenden (Tel. 030-234 586-50).

Neuland

Der Verein für tiergerechte und umweltschonende Nutztierhaltung wurde 1988 in Bonn gegründet. Zu den Mitgliedern gehören Landwirte, aber auch der Deutsche Tierschutzbund, die Arbeitsgemeinschaft bäuerliche Landwirtschaft (AbL), die VerbraucherInitiative sowie der Bund für Umwelt und Naturschutz Deutschland (BUND). Die etwa 200 Neuland-Betriebe arbeiten ausdrücklich nicht nach den EU-Öko-Richtlinien, damit auch konventionell wirtschaftende, bäuerliche Betriebe am Programm teilnehmen können. Danach ist konventionelles Futter zugelassen. Allerdings muss es heimischer Herkunft sein. Damit sollen importierte Futtermittel wie Sojaschrot ausgeschlossen werden. Fisch- und Tiermehl sind verboten, Leistungsförderer und Antibiotika auch. Gentechnik darf weder bei Züchtung noch Fütterung eingesetzt werden. Der Akzent liegt auf dem Tierschutz. Die Größe der Betriebe muss sich auf eine gewisse Viehmenge beschränken (etwa 400 Mastschweine pro Betrieb). Die kleinen und mittleren Betriebe haben ihren gesamten Hof auf Neuland-Niveau umzurüsten. Jedes Rind wird auf BSE geprüft, seine Herkunft genau erfasst. Nur Rinder aus Ökozucht dürfen hinzu gekauft werden. Bundesweit verkaufen 100 Fleischereien und Fachgeschäfte Neuland-Produkte. Viele Neuland-Betriebe gehören auch einem anerkannten Ökoverband an.

9 Vermarktung

9.1 Marktumfang und Absatzwege

Der Anteil der Ökoprodukte am gesamten Lebensmittelmarkt lag im Jahr 2000 bei 1,6 Prozent. Zu diesem Ergebnis kommt Professor Dr. Ulrich Hamm, Fachhochschule Neubrandenburg, in einer aktuellen Erhebung. Insgesamt wurden im Jahr 2000 für Biolebensmittel (ohne Genussmittel und ohne Außer-Haus-Verzehr) rund 2 Mrd. Euro ausgegeben (siehe Abbildung 14). Die einzelnen Vertriebskanäle haben laut Hamm folgende Anteile:

Übersicht 2: Anteile der Vertriebskanäle am Umsatz mit Ökolebensmitteln

LEH	0,66 Mrd. Euro[*]	33 %
Naturkostfachhandel	0,56 Mrd. Euro[*]	28 %
Reformhäuser	0,20 Mrd. Euro[*]	10 %
Direktvermarktung	0,36 Mrd. Euro[*]	17 %
Metzger und Bäcker	0,15 Mrd. Euro[*]	7 %
Übrige (Drogeriemärkte, Tankstellen, Kioske sowie Versender und Heimdienste)	0,10 Mrd. Euro[*]	5 %

[*] umgerechnet aus DM-Angaben

Die Daten von Hamm beruhen auf Zahlen sowie Einschätzungen zahlreicher Marktteilnehmer und sind mit Panelerhebungen von Marktforschungsinstituten abgeglichen worden. Hamm liegt mit seiner Erhebung erheblich unter den Schätzungen von ca. 3,5 Mrd. Euro, die in Fachkreisen gelegentlich auch genannt werden. Der Wissenschaftler

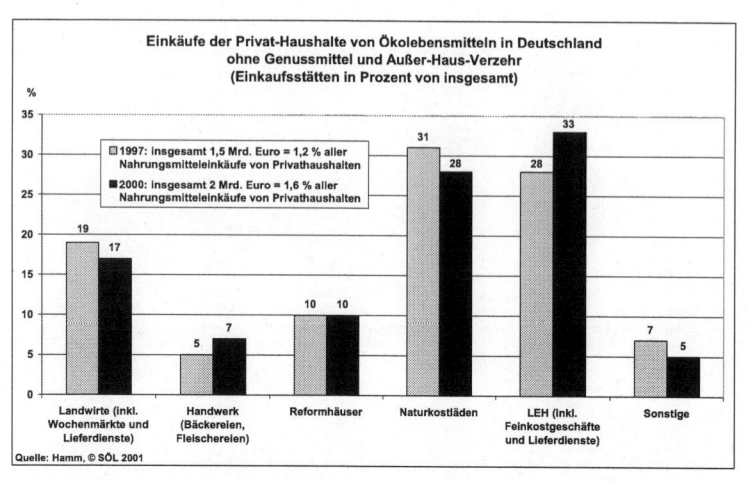

Abbildung 14: Einkäufe der Privat-Haushalte von Ökolebensmitteln in Deutschland ohne Genussmittel und Außer-Haus-Verzehr (Einkaufsstätten in Prozent von insgesamt)

führt die hohen Angaben auf methodische Mängel zurück, da Bioumsätze zum Teil auf verschiedenen Ebenen doppelt erfasst oder Genussmittel und Kantinenbelieferung in die Bioumsätze mit einbezogen wurden, diese dann aber mit dem Lebensmittelabsatz des Lebensmitteleinzelhandels (LEH) verglichen wurden.

Insbesondere Spezialitäten wie Wein, Schwarztee oder Kaffee, aber auch Lebensmittel werden über den Versandhandel abgesetzt. Viele Produkte, nicht nur »Exoten«, werden importiert.

Die Fachleute gehen davon aus, dass alle Marktsegmente sich weiter entwickeln werden, da sie unterschiedliche Verbrauchergewohnheiten und -bedürfnisse bedienen. Über die zahlreichen Beispiele der Biovermarktung in Deutschland informieren das Buch von Kreuzer (1996) und die Zeitschriften »Biopress« oder »BioHandel«.

Nicht wenige Verarbeitungs- und Handelsunternehmen haben eigene Marken geschaffen, die neben die herkömmlichen Verbandszeichen als Ausweis der seriösen Herkunft aus ökologischem Landbau für die Verbraucher treten (z. B. Alnatura, Naturkind, Füllhorn, Grünes Land, vgl. 8.5).

Einmal im Jahr findet in Nürnberg die weltweit größte Fachmesse für Naturkost, die Biofach, statt.

9.2 Angebot und Produktpalette

Die folgenden Angaben zu Angebot und Produktpalette sind dem Buch von Redelberger zur Betriebsführung im ökologischen Landbau entnommen (2000).

Getreide

Aufgrund eines hohen Angebotes in den vergangenen Jahren (gute Ernten, Flächenzuwächse) sind die Getreidepreise, die die Erzeuger erzielen konnten, zeitweise gesunken. Aktuell steigt die Nachfrage nach Getreide für den Veredlungsbereich (Milch, Fleisch, Eier), und die Preise haben sich stabilisiert oder sogar etwas erhöht. In diesen Bereichen kann aufgrund wachsender Nachfrage künftig von weiterem Wachstum ausgegangen werden. Der innereuropäische Handel mit Getreide gewinnt an Bedeutung. Aufgrund niedriger Preise verdrängen Waren aus Osteuropa zunehmend nordamerikanische Einfuhren. EU-Importe zum Aufmischen heimischer Getreidepartien dienen häufig dazu, die erforderlichen Backqualitäten (z. B. ausreichender Klebereiweißgehalt) zu sichern.

Milch

Der Markt für Ökomilch weist regional große Unterschiede auf. In Nord- und Ostdeutschland wird die angelieferte Ökomilch nicht vollständig als Ökomilchprodukte vermarktet. Dagegen wird in Süd- und Westdeutschland Ökomilch von etlichen Molkereien gesucht. Einige Molkereien, die bisher nicht oder nur am Rande im Ökogeschäft tätig waren, planen größere Ökoverarbeitungskapazitäten. Sicherlich ist die Ökomilcherzeugung ohne einen ausreichenden Preiszuschlag für die Erzeuger in Zukunft nicht möglich. Der Ökozuschlag beträgt 10 bis 12 Pfennige/Liter Milch auf den konventionellen Preis.

Fleisch

Der Produktbereich Fleisch gehört zu den derzeit noch am wenigsten entwickelten Marktsegmenten in der Vermarktung von Ökoprodukten.

Mit Ausnahme von Rindfleisch hat der direkte Absatz an den Endverbraucher große Bedeutung.
Weiterhin gewinnen Absatzkanäle über das Fleischerhandwerk und zunehmend den konventionellen Lebensmitteleinzelhandel an Bedeutung im Ökofleischabsatz. Sehr dynamisch entwickelt sich der Absatz von Schweine- und Geflügelfleisch.
Ökofleisch und Wurstwaren haben, im Vergleich zum Anteil von Fleisch und Wurstwaren am gesamten Nahrungsmittelabsatz, nur einen unterproportionalen Anteil am Umsatz mit Ökoerzeugnissen. Die Gründe hierfür sind vielfältig. Sie liegen vor allem in der Verarbeitung, Distribution und Nachfrage. Verglichen mit den »herkömmlichen Verbrauchern« konsumieren traditionelle Ökokunden weniger Fleisch. Die Ausrichtung auf die Bedürfnisse »normaler Verbraucher« kann dem Segment des Ökolandbaus Expansionsmöglichkeiten eröffnen. Derzeit führen die hohen Kosten für Verarbeitung und Distribution zu hohen Endverbraucherpreisen. Wiederkehrende Lebensmittelskandale, insbesondere im Fleischbereich, lassen eine wachsende Zahl von Verbrauchern über ihre Verzehrgewohnheiten nachdenken. Nicht wenige von diesen Konsumenten sind bereit, beim Fleischeinkauf auf ökologische Waren umzusteigen.

Obst und Gemüse

An der Gesamterzeugung von Obst und Gemüse hat die ökologische Erzeugung im Vergleich zu anderen Produktbereichen einen relativ großen Anteil. Der Direktabsatz von Frischware hat als Absatzweg eine große Bedeutung. Die Bereitstellung ausreichend großer Mengen für Verarbeitungsbetriebe aus der inländischen Erzeugung gelingt momentan nur unzureichend, so dass die Deckung einer wachsenden Nachfrage nach Obst und Gemüse aus heimischer Erzeugung zukünftig schwierig wird.

Kartoffeln

Die bedeutendsten Absatzwege für Kartoffeln sind mit jeweils einem Drittel Erzeugergemeinschaften sowie der Direktabsatz an den End-

verbraucher. Außerdem verkaufen die Erzeuger direkt an Verarbeitungsbetriebe, den Naturkostfachhandel und Großverbraucher.
Betrachtet man die Entwicklung der Erzeugerpreise anhand der ZMP-Indizes, so ist bei Ökokartoffeln ein hohes Maß an Preisstabilität erkennbar, während im konventionellen Bereich erhebliche Preisschwankungen zu verzeichnen sind. Die Verbraucherpreise der Ökokartoffeln sind zur Zeit mehr als doppelt so hoch wie bei konventionell erzeugten Kartoffeln, die nicht dem Premiumsegment zuzurechnen sind. Da diese Spanne über der 30-Prozent-Schwelle der laut Verbraucherumfragen tolerierten Aufpreisbereitschaft für Ökoprodukte liegt, könnte der Preis eine dämpfende Wirkung auf die Nachfrage nach ökologisch erzeugten Kartoffeln haben.

Marktinformationen

Der Markt für ökologische Erzeugnisse ist auf der Erzeugerebene deutlich vielseitiger organisiert als der Markt für konventionelle Produkte. Statt einiger weniger genossenschaftlicher und privater Landhandelsunternehmen gibt es im Ökosektor eine Vielzahl von kleinen Erzeugerzusammenschlüssen und Handelsunternehmen.
Dadurch ist der Überblick über die Märkte kompliziert. Die besten Kenntnisse - aus der Sicht der Landwirte - finden sich oft bei Beratern und Mitarbeitern von Erzeugergemeinschaften und Vermarktungsorganisationen der Anbauverbände. Für eine erste überregionale Marktübersicht sind die Informationen der ZMP nützlich. Diese sind teilweise im Internet zugänglich unter www.zmp.de.
Dort sind sowohl Erzeuger- als auch Wochenmarktpreise abrufbar. Da die Preise oft starken kurzfristigen Schwankungen unterliegen, ist eine längerfristige Beobachtung sinnvoll, bevor einzelbetriebliche Entscheidungen getroffen werden. In den verbandsnahen Erzeugerzusammenschlüssen werden Preisschwankungen häufig durch Pool-Preissysteme aufgefangen, so dass die allgemeinen Preisinformationen hierfür nicht immer zutreffen.

9.3 Bioprodukte im Lebensmitteleinzelhandel: weniger als drei Prozent

In deutschen Supermärkten sind durchschnittlich weniger als drei Prozent Bioprodukte im Angebot, so das Ergebnis einer Marktanalyse im Auftrag des Bund für Umwelt und Naturschutz Deutschland (BUND), die am 2.7.2001 der Öffentlichkeit vorgestellt wurde. Bei vielen Nahrungsmitteln gebe es gar keine Ökoalternative. Die wenigen Biowaren seien zudem schwer zu erkennen, werden nicht flächendeckend angeboten und schlecht beworben, so die Marktanalyse des BUND, des imug-Instituts für Markt-Umwelt-Gesellschaft e. V. und des Öko-Instituts Freiburg e. V.

Wenn das Ziel der Bundesregierung, den Anteil des ökologischen Landbaus auf 20 Prozent zu steigern, erreicht werden soll, müssten die deutschen Supermärkte und Lebensmittelhandelsketten in zehn Jahren rund zehn Mal mehr Bioprodukte anbieten als heute. Derzeit liegt der Umsatzanteil mit Bioprodukten zwischen einem und zwei Prozent, teilweise unter einem und in einzelnen Warengruppen sogar bei Null Prozent, so der BUND.

Vorreiter bei der »Agrarwende an der Ladentheke« ist der im hessischen Fulda ansässige Lebensmittelfilialist tegut: Mit über 1000 verschiedenen Bioangeboten in allen Warengruppen wurden 2000 ca. 130 Millionen Mark umgesetzt. Das waren in 2000 bereits sieben Prozent vom Gesamtumsatz. 2001 strebt tegut in diesem Sektor 190 Millionen Mark Umsatz an.

Weit abgeschlagen dahinter folgt die Nummer drei des deutschen Lebensmittelhandels: In 2000 setzte die Edeka-Kette 30 Millionen Mark mit Bioprodukten um. Ähnliche Größenordnungen erreichten Rewe, der größte europäische Lebensmittelanbieter Metro sowie Karstadt. Die meisten anderen großen Lebensmittelketten haben ebenfalls nur geringe Bioanteile: Spar, Globus, Wal-Mart, Tengelmann, Bremke & Hörster sowie der Discounter Norma erreichen mit ihren Bioangeboten durchschnittlich weniger als drei Prozent am Gesamtumsatz. Von 23 befragten Großunternehmen des Lebensmittelhandels gaben elf Auskunft über ihr Biosortiment.

Als Haupthindernisse einer nennenswerten Ausweitung des Bioangebotes werden das Fehlen eines verlässlichen Öko-Kennzeichens, die zu geringe Kundenresonanz, zu hohe Preise und zu wenige Produktalternativen genannt. Fast alle Supermarktketten versprechen Erweiterungen ihrer Biosortimente.

9.4 Nachfrage nach Lebensmitteln aus ökologischem Landbau

In den letzten Jahren wurden zahlreiche Studien zum Markt für Bioprodukte und insbesondere zu Biokunden durchgeführt. Wir stellen hier eine dieser Studien vor.

In der im Jahr 2000 von der ZMP vorgelegten Studie »Einstellungen und Käuferprofile bei Bio-Lebensmitteln« wurden 2.700 haushaltsführende Personen im Alter zwischen 18 und 75 Jahre – durchgeführt vom Institut für Projektmanagement – befragt. 22 Prozent der in der Befragung Interviewten gaben an, Lebensmittel aus biologischem Anbau zu kaufen. Ausgesprochene Hochburgen der Biokäufer sind die neuen Bundesländer und Haushalte, in denen Kinder bis 18 Jahre leben. Deutlich unter dem Durchschnitt liegen die über 50-Jährigen, Singles sowie Personen, die in Orten bis zu 20.000 Einwohner leben. Biokunden kaufen im Schnitt ein Mal pro Woche und decken damit 13,2 Prozent ihres Gesamtbedarfes an Lebensmitteln. Sie nutzen dazu im Mittel 2,5 Einkaufsstätten. Die bevorzugte Einkaufsstätte bilden der Supermarkt/Verbrauchermarkt, gefolgt vom Wochenmarkt und Naturkostläden. Eine wichtige Rolle spielt auch die Direktvermarktung ab Erzeuger. Die Kundenprofile der verschiedenen Einkaufsstätten unterscheiden sich erheblich. So ist beispielsweise der Supermarkt/Verbrauchermarkt besonders beliebt bei jungen Leuten bis 30 Jahre und Singles. Dagegen ist die Klientel des Naturkostladens eher älter. Laut ZMP-Studie geben 70 Prozent der Biokäufer an, Bioeier zu kaufen. Damit haben Bioeier die höchste Käuferreichweite, gefolgt von Gemüse (45 %), Obst (41 %), Kartoffeln (37 %) und Brot (36 %). Etwa jeder vierte Biokäufer greift zu Butter, Milch, Käse und Joghurt. Biofleisch hingegen spielt eine untergeordnete Rolle. Generell zeichnen sich die Biokäufer durch einen unterproportionalen Fleischkonsum aus. Unterschiedliche Produktaffinitäten bei Intensiv- und Gelegenheitskunden von Biokost werden in der Studie aufgezeigt. Je nach Produkt differieren die Preise für Biolebensmittel im Vergleich zu konventionellen erheblich.

Was veranlasst den Verbraucher, für diese Produkte mehr Geld auszugeben? Als Hauptmotive werden in einer vergleichbaren Studie 1996 gesundheitliche Gründe und der Wunsch, einen Beitrag zum Umweltschutz zu leisten genannt. Eine untergeordnete Rolle spielte die Unzufriedenheit mit herkömmlichen Nahrungsmitteln. Die Einstellungen der Verbraucher dürften sich angesichts der Lebensmittelskandale in den letzten Jahren verändert haben. Gegen einen Kauf von Bioprodukten sprechen vor allem Zweifel, ob auch tatsächlich »Bio drin ist, wo Bio drauf steht«. Hinzu kommen die aus Verbrauchersicht ungerechtfertigt hohen Preise. Befragungen zur Aktualisierung dieser Ergebnisse laufen derzeit noch. Weiterhin werden in der Analyse Kaufpotenziale offengelegt: 36 % der Verbraucher beabsichtigen, in Zukunft mehr Biolebensmittel zu kaufen. Besonders ausgeprägt ist dieser Trend bei den Intensivverwendern (Quelle: ZMP-Marktforschung).

10 Ökologische Agrarpolitik

Die Stärkung des ökologischen Landbaus ist seit Anfang 2001 ausdrückliches Ziel der deutschen Agrarpolitik. Der Ökolandbau wird inzwischen mit zahlreichen Maßnahmen unterstützt. Einen kompletten Überblick über das Förderinstrumentarium geben Nieberg und Strohm-Lömpcke (2001).

Eine bahnbrechende Entwicklung für den deutschen Ökolandbau stellt das Bundesprogramm Ökolandbau dar, das 2002 und 2003 umgesetzt werden soll. Mit dem Bundesprogramm werden seit langem bestehende Forderungen der Akteure des ökologischen Landbaus umgesetzt. Diese wurden anlässlich der Grünen Woche 2001 durch das Aktionsbündnis Ökolandbau (2001) mit dem Papier »10 % Ökolandbau bis 2010« vorgelegt; inzwischen wurde der umfangreiche Eckpunkte-Katalog »Agrarpolitische Maßnahmen zur Ausweitung der ökologischen Landwirtschaft« herausgegeben. Er legt einen Schwerpunkt auf vielfältige Aus- und Weiterbildungsmaßnahmen.

Weiteres zur ökologischen Agrarpolitik findet sich in dem seit 1993 herausgegebenen »Kritischen Agrarbericht« (AgrarBündnis, 1993 ff.)

10.1 Agrarumweltprogramme

Der ökologische Landbau wird in Deutschland seit 1989 mit Flächenprämien finanziell gefördert. Von 1989 bis 1992 erfolgte die Förderung auf der Grundlage des EG-Extensivierungsprogramms (Verordnung (EWG) Nr. 4115/88). Dieses Programm wurde durch die Verordnung (EWG) Nr. 2078/92 zur »Förderung umweltgerechter und den natürlichen Lebensraum schützende landwirtschaftliche Produktionsverfahren« und 2000 durch die Verordnung (EG) Nr. 1257/99 »über die

Förderung der Entwicklung des ländlichen Raums« ersetzt. Als Folge der Flächenförderung hat sich Ende der 80-er, Anfang der 90-er Jahre die Zahl ökologisch wirtschaftender Betriebe in Deutschland sprunghaft erhöht. In dem nach wie vor kleinen Marktsegment für ökologisch erzeugte Produkte war dadurch ein starker Angebotsanstieg zu verzeichnen (Schulze Pals und Nieberg, 1997).

Die Verordnung (EG) 1257/99 zur Entwicklung des ländlichen Raums ist Teil der Agenda 2000. Sie wird in allen Staaten der Europäischen Union angewandt. Sie schließt neben den Flächenprämien auch die einzelbetriebliche Investitionsförderung, die Förderung von Beratung und Ausbildung sowie die Förderung der Vermarktung ein.

Jedes Bundesland hat ein eigenes Programm zur Umsetzung der EG-VO 1257/99 aufgelegt. Um eine möglichst einheitliche Förderung zu gewährleisten, haben sich Bund und Länder auf eine bundesweite Rahmenregelung geeinigt. Die Förderung nach dieser Verordnung ermöglicht neben der Einführung auch die Förderung der Beibehaltung des ökologischen Landbaus. Die Förderbedingungen haben sich im Vergleich zu den Vorläuferprogrammen nur wenig geändert. Neu ist jedoch die Gewährung eines Zuschusses zu den Kontrollkosten sowie deutlich erhöhte Prämien für Gemüseflächen in der Mehrzahl der Bundesländer.

Der PLANAK (Planungsausschuss für Agrarstruktur und Küstenschutz) beschloss im Juni 2001 die Neuausrichtung der Agrarförderung in Deutschland. Der Ökolandbau profitiert dabei durch besondere Zuschüsse für Investitionen und eine deutliche Erhöhung der Prämien. Die flächenbezogenen Prämien unterscheiden sich zwischen den Bundesländern in der Prämienhöhe, weiterhin in der Differenzierung der Prämienhöhe innerhalb der Einführungsphase, zwischen Einführung und Beibehaltung sowie nach Nutzungsarten. Außerdem sind in einigen Bundesländern die Fördersummen limitiert (siehe Tabelle 7).

Nach Nieberg und Strohm-Lömpcke (2001) liegt wegen der großen Unterschiede in der Prämienhöhe und im Fördergefüge eine Überarbeitung der Prämiengestaltung nahe. Die Autorinnen machen hierzu eine Reihe von Vorschlägen:

- Deutlich erhöhte Prämien in den ersten beiden Umstellungsjahren

- Differenzierung der Prämienhöhe für Ackerflächen nach Standortqualität
- Differenzierung der Grünlandprämien nach Großvieheinheiten
- Erhöhte Prämien für Veredlungsbetriebe.

10.2 Unterstützung der Vermarktung

Die Vermarktung ökologisch erzeugter Produkte wird im Rahmen der GAK nach den »Grundsätzen für die Förderung der Verarbeitung und Vermarktung ökologisch oder regional erzeugter landwirtschaftlicher Produkte« (ehemals »Grundsätze für die Förderung der Vermarktung nach besonderen Regeln erzeugter landwirtschaftlicher Erzeugnisse«) seit 1990 vom Staat unterstützt. Gefördert werden Startbeihilfen zu den Gründungs- und Organisationskosten, Investitionsbeihilfen für die Erfassung, Lagerung, Sortierung, Be- und Verarbeitung etc. sowie Beihilfen für die Erarbeitung von Vermarktungskonzepten.

Neben der Vermarktungsförderung im Rahmen der GAK führen einige Bundesländer Pilot-, Modell- und Demonstrationsvorhaben im Bereich Verarbeitung und Vermarktung durch. In Sachsen bestehen Fördermöglichkeiten auch für die Beratung von Verarbeitern (Nieberg und Strohm-Lömpcke, 2001).

10.3 Förderpreis Ökolandbau

Mit dem Förderpreis Ökologischer Landbau des BMVEL, der 2002 zum zweiten Mal verliehen wird, werden ökologisch wirtschaftende Betriebe ausgezeichnet, die beispielhafte Lösungen oder Leistungen in einem oder mehreren der folgenden neun Bereiche in die Praxis ihres Betriebes eingebunden und umgesetzt haben:

- im Pflanzenbau,
- in der artgerechten Tierhaltung und / oder Tierzüchtung,
- in der Land- und Produktionstechnik oder im Bereich landwirtschaftliches Bauen,

- in der Vermarktung,
- in der betrieblichen Verarbeitung / Dienstleistung,
- im Naturschutz und der Landschaftsgestaltung,
- zur Erhaltung genetischer Ressourcen,
- in der Kreislaufwirtschaft / dem Ressourcenschutz oder
- weiteren landwirtschaftlichen Bereichen.

Die ausgezeichneten Leistungen oder Lösungen sollen Vorbild für andere Landwirte sein und zur Akzeptanz und Verbreitung des ökologischen Landbaus beitragen. Als weiteres Ziel soll der Förderpreis auch breitere Verbraucherschichten über Produktionsweise und Lebensmittel aus ökologischer Erzeugung informieren und die Nachfrage nach Produkten und Dienstleistungen der ökologisch wirtschaftenden Betriebe stärken.
Der Förderpreis Ökologischer Landbau ist mit jährlich insgesamt 25.000 Euro dotiert. Eine unabhängige Jury schlägt der Bundesministerin für Verbraucherschutz, Ernährung und Landwirtschaft von allen Bewerberinnen und Bewerbern bis zu drei Betriebe als Preisträger vor. Der Höchstbetrag je Auszeichnung beträgt 10.000 Euro. Die Bundesverbraucherschutzministerin verleiht die Preise im Rahmen einer Festveranstaltung auf der Internationalen Grünen Woche in Berlin.

10.4 Bundesprogramm Ökologischer Landbau

Der am 18.6.2001 beschlossene Haushalt sichert die Neuausrichtung der Agrar- und Verbraucherpolitik (»Agrarwende«) finanziell ab. Förderschwerpunkte werden umwelt- und tiergerechte Produktionsweisen sein. Ein weiterer Förderschwerpunkt ist das »Bundesprogramm Ökolandbau«. Am 19.10.2001 wurde an Renate Künast in Berlin der Entwurf für das »Bundesprogramm Ökolandbau« überreicht. Er enthält den Vorschlag einer Projektgruppe, die sich aus vier Wissenschaftlern und zwei Verbandsvertretern zusammensetzt sowie zahlreiche Anregungen aus der Praxis. In dem Vorschlag sind unter anderem Schulungs-, Aufklärungs- und allgemeine Informationsmaßnahmen vorgesehen. Bereits in der Ausbildung soll der Ökolandbau einen angemessenen Platz einnehmen. Ein weiterer Schwerpunkt liegt auf der Forschungsförderung und der Entwicklung neuer Technologien sowie der Übertragung der gewonnen Erkenntnisse in die Praxis. Für das Programm werden in den Jahren 2002 und 2003 jeweils 35 Mio. Euro bereitgestellt.

Am 4. und 5. September 2001 hatte in der Bundesforschungsanstalt für Landwirtschaft (FAL) in Braunschweig unter Federführung des Instituts für Betriebswirtschaft, Agrarstruktur und ländliche Räume eine nichtöffentliche Anhörung über Hemmnisse, Chancen und politischen Handlungsbedarf im Bereich des ökologischen Landbaus als wichtiger Input für das geplante »Bundesprogramm Ökolandbau« stattgefunden. Vorbereitet worden war die Anhörung von einer eigens hierfür vom BMVEL einberufenen Projektgruppe. In dieser waren von der FAL Prof. Dr. Folkhard Isermeyer und Dr. Hiltrud Nieberg vertreten, weiterhin Prof. Dr. Stephan Dabbert, Universität Hohenheim, Thomas Dosch, Bioland, Prof. Dr. Jürgen Heß, Universität-Gesamthochschule Witzenhausen und Dr. Prinz Felix zu Löwenstein, AGÖL. Begleitet wurde die Arbeit der Gruppe von Dr. Ingo Braune vom Referat ökologischer Landbau im Bundesministerium für Ernährung, Verbraucherschutz und Landwirtschaft (BMVEL).

Knapp 60 Experten aus allen Gebieten des ökologischen Landbaus legten in zehnminütigen Statements ihre Vorschläge zur Ausgestaltung des Bundesprogramms dar. Angehört wurde zu den Themen: landwirtschaftliche Praxis und Beratung, Erzeugergemeinschaften, Erfassungshandel, Verarbeitung, Naturkosthandel und Lebensmitteleinzelhandel, Verbrauchergruppen, Kommunikation und Sonstiges.

Ebenfalls an der Bundesforschungsanstalt für Landwirtschaft (FAL) hatte am 5. und 6. April 2001 die Tagung »Politik für den ökologischen Landbau« stattgefunden, auf welcher Wissenschaftler unter anderem die Auflegung eines solchen Programms gefordert hatten. Die Beiträge dieser Tagung sind über die Internetseite der FAL abrufbar (Bundesforschungsanstalt für Landwirtschaft, 2001).

10.5 Weitere Förderinstrumente

Neben den genannten Maßnahmen gibt es eine ganze Reihe weiterer Förderinstrumente zur Erhöhung der Nachfrage nach Bioprodukten. Hier ist an erster Stelle das staatliche Bio-Siegel zu nennen (siehe Kapitel 8.3). Für das Jahr 2002 ist vom Verbraucherschutzministerium eine große Informationskampagne zum Thema Bio-Siegel und ökologische Landwirtschaft geplant. Weiterhin sind die Öffentlichkeitsarbeit und Bereitstellung von Informationen zu nennen, die Förderung von Marketingmaßnahmen für Bioprodukte, die Beteiligung an Präsentationen auf Messen und Ausstellungen, Ökoaktionstage und -wochen, die Förderung der Verwendung von Ökoprodukten in Großküchen sowie die Förderung von Forschung und Beratung (Nieberg und Strohm-Lömpcke, 2001).

Tabelle 7 : Förderung des ökologischen Landbaus im Rahmen der Länderprogramme zur Entwicklung des ländlichen Raums (VO < EG > Nr. 1257/1999) in der Bundesrepublik Deutschland 2001

Bundes-land	Nutzungsart	Prämienhöhe		Kontrollanforderungen, Höchstbeträge, sonstige Anforderungen
		Einführung Euro/ha u. Jahr	Beibehaltung Euro/ha u. Jahr	
Baden-Württem-berg	Ackerland	170 Euro/ha	170 Euro/ha	• Nachweis über Kontrolle gemäß VO (EWG) 2092/91 ist Pflicht • Zuschuss zu den Kontrollkosten: 40 Euro/ha, max. 400 Euro je Unternehmen • Förderhöchstbetrag je Unternehmen und Jahr 40.000 Euro • Kombination mit anderen Förderungen möglich, sofern keine Doppelförderung gegeben • Ab 2002 Anhebung der Fördersätze geplant
	Grünland	130 Euro/ha	130 Euro/ha	
	Gartenbauflächen	500 Euro/ha	500 Euro/ha	
	Dauerkulturen	600 Euro/ha	600 Euro/ha	
Bayern	Ackerland	255 Euro/ha	255 Euro/ha	• Nachweis über Kontrolle gemäß VO (EWG) 2092/91 ist Pflicht • Für max. 15 ha erhöht sich die Prämie um 40 Euro/ha und Jahr bei Nachweis der Kontrolle gemäß VO (EWG) 2092/91 • Förderhöchstbetrag je Unternehmen und Jahr 18.400 Euro • kombinierbar mit umweltorientiertem Betriebsmanagement, 25 Euro/ha, max. 1.431,61* Euro je Unternehmen (*umgerechnet nach Euro-Kurs) • Anhebung der Fördersätze geplant
	Anbau alter Kultursorten	305 Euro/ha	305 Euro/ha	
	Grünland	255 Euro/ha	255 Euro/ha	
	Dauerkulturen und gärtnerisch genutzte Flächen	560 Euro/ha	560 Euro/ha	
Berlin	Ackerland	153 Euro/ha	102 Euro/ha	• Nachweis über Kontrolle gemäß VO (EWG) 2092/91 ist Pflicht
	Grünland	251 Euro/ha	128 Euro/ha	
	Feldgemüse	153 Euro/ha	102 Euro/ha	
	Dauerkulturen	501 Euro/ha	358 Euro/ha	

Tabelle 7 Fortsetzung: Förderung des ökologischen Landbaus im Rahmen der Länderprogramme zur Entwicklung des ländlichen Raums (VO < EG > Nr. 1257/1999) in der Bundesrepublik Deutschland 2001

Bundes-land	Nutzungsart	Prämienhöhe		Kontrollanforderungen, Höchstbeträge, sonstige Anforderungen
		Einführung Euro/ha u. Jahr	Beibehaltung Euro/ha u. Jahr	
Branden-burg	Ackerland	200 Euro/ha*	150 Euro/ha	• Nachweis über Kontrolle gemäß VO (EWG) 2092/91 ist Pflicht
	Gemüse (inkl. Erdb., Heil- und Gewürzpflanzen, Zierpflanzen)	450 Euro/ha*	400 Euro/ha	* Einführungszuschlag von 50 Euro bei allen Kulturen nur in den ersten beiden Einführungsjahren
• keine Änderung der Fördersätze geplant
	Grünland	180 Euro/ha*	130 Euro/ha	
	Dauerkulturen	665 Euro/ha*	615 Euro/ha	
Bremen	Ackerland	153,39 Euro/ha	102,26 Euro/ha	• Kontrolle gemäß VO (EWG) 2092/91 ist Pflicht
	Gemüsebau	357,90 Euro/ha	178,95 Euro/ha	• Nachweis über Beitragszahlung an AGÖL-Verband erforderlich
	Grünland	153,39 Euro/ha	102,16 Euro/ha	• Anhebung der Sätze in Anlehnung an die GAK geplant
	Dauerkulturen	715,81 Euro/ha	511,29 Euro/ha	
		(nach Euro-Kurs umgerechnet)		

Tabelle 7 Fortsetzung: Förderung des ökologischen Landbaus im Rahmen der Länderprogramme zur Entwicklung des ländlichen Raums (VO < EG > Nr. 1257/1999) in der Bundesrepublik Deutschland 2001

Bundes-land	Nutzungsart	Prämienhöhe Einführung Euro/ha u. Jahr	Prämienhöhe Beibehaltung Euro/ha u. Jahr	Kontrollanforderungen, Höchstbeträge, sonstige Anforderungen
Hamburg	Ackerland	153,39 Euro/ha + 153,39 Euro/ha *	122,71 Euro/ha	• Nachweis über Kontrolle gemäß VO (EWG) 2092/91 ist Pflicht • Zuschuss zu den Kontrollkosten: 30,68 Euro/ha, max. 511,29 Euro je Unternehmen *In den ersten beiden Jahren der Umstellung wird zusätzlich eine Sonderbeihilfe in Höhe des genannten Betrages gewährt (max. 15.338,76 Euro/ Unternehmen) • keine Anhebung der Fördersätze geplant
	Gemüse, Zierpflanzen	429,49 Euro/ha + 2.045,17 Euro/ha*	214,74 Euro/ha	
	Grünland	153,39 Euro/ha + 153,39 Euro/ha *	122,71 Euro/ha	
	Dauerkulturen	715,80 Euro/ha + 715,80 Euro/ha* (nach Euro-Kurs umgerechnet)	603,32 Euro/ha	
Hessen	Ackerland	179 Euro/ha	179 Euro/ha	• Nachweis über Kontrolle gemäß VO (EWG) 2092/91 ist Pflicht • Zuschuss zu den Kontrollkosten: 26 Euro/ha, max. 256 Euro je Unternehmen • Anhebung der Sätze in Anlehnung an die GAK geplant
	Grünland	179 Euro/ha	179 Euro/ha	
	Feldgemüse	179 Euro/ha	179 Euro/ha	
	Dauerkulturen	614 Euro/ha	614 Euro/ha	

Tabelle 7 Fortsetzung: Förderung des ökologischen Landbaus im Rahmen der Länderprogramme zur Entwicklung des ländlichen Raums (VO < EG > Nr. 1257/1999) in der Bundesrepublik Deutschland 2001

Bundes-land	Nutzungsart	Prämienhöhe		Kontrollanforderungen, Höchstbeträge, sonstige Anforderungen
		Einführung Euro/ha u. Jahr	Beibehaltung Euro/ha u. Jahr	
Mecklen-burg- Vor-pommern	Ackerland	128 Euro/ha	102 Euro/ha	• Kontrolle gemäß VO (EWG) 2092/91 ist Pflicht • Zuschuss zu den Kontrollkosten: 31 Euro/ha, max. 511 Euro je Unternehmen • Anhebung der Fördersätze in Anlehnung an die GAK geplant
	Gemüsebau	350 Euro/ha	179 Euro/ha	
	Grünland	128 Euro/ha	102 Euro/ha	
	Dauerkulturen	614 Euro/ha	511 Euro/ha	
Nieder-sachsen	Ackerland	255,65* / 153,39 Euro/ha	122,71 Euro/ha	• Nachweis über Kontrolle gemäß VO (EWG) 2092/91 ist Pflicht • Zuschuss zu den Kontrollkosten: 30,68 Euro/ha, max. 511,29 Euro je Unternehmen * **Ab 1.7.2001 höhere Förderbeiträge** in den ersten zwei Umstellungsjahren für Acker- und Grünlandflächen (**255,65 Euro/ha**), für Feldgemüse (**460,16 Euro/ha**) und für Dauerkulturen (**818,07 Euro/ha**).
	Gemüse	460,16* / + 357,90 Euro/ha	178,95 Euro/ha	
	Grünland	255,65* / + 153,39 Euro/ha	122,71 Euro/ha	
	Dauerkulturen	818,07* / + 715,81 Euro/ha	613,55 Euro/ha	
	(in Euro-Kurs umgerechnet)			

Tabelle 7 Fortsetzung: Förderung des ökologischen Landbaus im Rahmen der Länderprogramme zur Entwicklung des ländlichen Raums (VO < EG > Nr. 1257/1999) in der Bundesrepublik Deutschland 2001

Bundes- land	Nutzungsart	Prämienhöhe		Kontrollanforderungen, Höchstbeträge, sonstige Anforderungen
		Einführung Euro/ha u. Jahr	Beibehaltung Euro/ha u. Jahr	
Nordrhein-Westfalen	Ackerland	409* / 204 Euro/ha	153 Euro/ha	• Nachweis über Kontrolle gemäß VO (EWG) 2092/91 ist Pflicht • Zuschuss zu den Kontrollkosten: 102 Euro/ha, max. 1.020 Euro je Unternehmen * Erhöhung der Förderbeiträge ab 1.7.2001: Acker- u. Grünland: 409 Euro/ha (1.-2. J), 204 Euro/ha (3.-5. J). Gemüse u. Zierpfl. 1022 Euro/ha (1.-2. J), 511 Euro/ha (3.-5. J) Dauerkulturen inkl. Baumschulpfl. 1.942 Euro/ha (1.-2. J), 971 Euro/ha (3.-5. J)
	Gemüse / Zierpflanzen	1.022* / 511 Euro/ha	255 Euro/ha	
	Grünland	409* / 204 Euro/ha	153 Euro/ha	
	Dauerkulturen inkl. Baumschul-pflanzen	1.942* / 971 Euro/ha	715 Euro/ha	

Tabelle 7 Fortsetzung: Förderung des ökologischen Landbaus im Rahmen der Länderprogramme zur Entwicklung des ländlichen Raums (VO < EG > Nr. 1257/1999) in der Bundesrepublik Deutschland 2001

Bundes-land	Nutzungsart	Prämienhöhe		Kontrollanforderungen, Höchstbeträge, sonstige Anforderungen
		Einführung Euro/ha u. Jahr	Beibehaltung Euro/ha u. Jahr	
Rheinland-Pfalz	Ackerland und Gemüse	204,52 Euro/ha*	153,29 Euro/ha	• Kontrolle gemäß VO (EWG) 2092/91 ist Pflicht • Fördermöchstbetrag je Unternehmen und Jahr max. 17.895,22 Euro je Unternehmen • mindestens 5 % und höchstens 10 % sind als ökologische Ausgleichsflächen nachzuweisen • bei Rebflächen in abgegrenzten Steillagen max. zusätzlich 255,65 Euro/ha, da Kummulierungsmöglichkeiten mit Förderung für Steillagenweinbau • keine Änderung der Fördersätze geplant * in den ersten beiden Einführungsjahren ** in den ersten drei Einführungsjahren
	Grünland	204,52 Euro/ha*	153,39 Euro/ha	
	Kern- und Steinobst in Vollpflanzung	715,81 Euro/ha**	613,55 Euro/ha	
	Bestockte Rebfläche	664,68 Euro/ha**	562,42 Euro/ha	
	Ökologische Ausgleichsflächen	255,65 Euro/ha	255,65 Euro/ha	
		(nach Euro-Kurs umgerechnet)		
Saarland	Ackerland	153,39 Euro/ha	102,26 Euro/ha	• Kontrolle gemäß VO (EWG) 2092/91 ist Pflicht • Zuschuss zu den Kontrollkosten: 30,68 Euro/ha, max. 511,29 Euro je Unternehmen • Anpassung der Fördersätze in Anlehnung an die GAK geplant
	Grünland	153,39 Euro/ha	102,26 Euro/ha	
	Dauerkulturen	613,55 Euro/ha	409,03 Euro/ha	
		(nach Euro-Kurs umgerechnet)		

Tabelle 7 Fortsetzung: Förderung des ökologischen Landbaus im Rahmen der Länderprogramme zur Entwicklung des ländlichen Raums (VO < EG > Nr. 1257/1999) in der Bundesrepublik Deutschland 2001

Bundes-land	Nutzungsart	Prämienhöhe		Kontrollanforderungen, Höchstbeträge, sonstige Anforderungen
		Einführung Euro/ha u. Jahr	Beibehaltung Euro/ha u. Jahr	
Sachsen	Ackerland	281 Euro/ha*	230 Euro/ha	• Nachweis über Kontrolle gemäß VO (EWG) 2092/91 ist Pflicht • Anschluss an AGÖL-Verband obligatorisch • Anhebung der Fördersätze geplant * in den ersten beiden Einführungsjahren ** in den ersten drei Einführungsjahren
	Gemüse (inkl. Heil- und Gewürz-pflanzen	409 Euro/ha*	357 Euro/ha	
	Grünland	204 Euro/ha	204 Euro/ha	
	Obstbau und Baumschulpflan-zungen	766 Euro/ha**	664 Euro/ha	
	Weinbau (bestockte Rebflä-che)	766 Euro/ha**	664 Euro/ha	
Sachsen-Anhalt	Ackerland	184,07 Euro/ha	122,71 Euro/ha	• Nachweis über Kontrolle gemäß VO (EWG) 2092/91 ist Pflicht • Zuschuss zu den Kontrollkosten: 30,68 Euro/ha, max. 511,29 Euro je Unternehmen • Anhebung der Fördersätze in Anlehnung an die GAK geplant
	Gemüse	429,49 Euro/ha	214,74 Euro/ha	
	Grünland	184,07 Euro/ha	122,71 Euro/ha	
	Dauerkulturen	858,97 Euro/ha	613,55 Euro/ha	
	(nach Euro-Kurs umgerechnet)			

Tabelle 7 Fortsetzung: Förderung des ökologischen Landbaus im Rahmen der Länderprogramme zur Entwicklung des ländlichen Raums (VO < EG > Nr. 1257/1999) in der Bundesrepublik Deutschland 2001

Bundes-land	Nutzungsart	Prämienhöhe		Kontrollanforderungen, Höchstbeträge, sonstige Anforderungen
		Einführung Euro/ha u. Jahr	Beibehaltung Euro/ha u. Jahr	
Schleswig-Holstein	Ackerland	153,39 Euro/ha	122,71 Euro/ha	• Kontrolle gemäß VO (EWG) 2092/91 ist Pflicht • 70 % der Kontrollkosten bei Einführung und 50 % bei Beibehaltung förderbar, max. 511,29 Euro je Betrieb • ab 2002 Anhebung der Fördersätze in Anlehnung an die GAK geplant
	Gemüsebau	357,90 Euro/ha	178,95 Euro/ha	
	Grünland	153,39 Euro/ha	122,71 Euro/ha	
	Dauerkulturen	736,26 Euro/ha	613,55 Euro/ha	
		(nach Euro-Kurs umgerechnet)		
Thüringen	Ackerland	180 Euro/ha	155 Euro/ha	• Kontrolle gemäß VO (EWG) 2092/91 ist Pflicht • müssen Schlagkartei führen
	Gemüsebau	410 Euro/ha	410 Euro/ha	
	Grünland und Streuobstwiesen	230 Euro/ha	205 Euro/ha	
	Dauerkulturen	615 Euro/ha	615 Euro/ha	

Einführung = Jahr 1 bis Jahr 5 nach der Umstellung; Beibehaltung = ab Jahr 6 nach der Umstellung

In einigen Bundesländern sind ab 2002 weitere Erhöhungen der Prämien – in Anlehnung an die Veränderungen im Rahmen der GAK – geplant. Diese müssen jedoch zunächst von der EU-Kommission genehmigt werden. Die Tabelle gibt im Hinblick auf diese Information nur erste Trends wieder und erhebt nicht den Anspruch auf Vollständigkeit.

Quelle: Nieberg, H. und Strohm, R. (2001), FAL-Erhebung in den zuständigen Länderministerien

11 Beratung

Landwirte, die auf Ökolandbau umstellen wollen, haben einen hohen Beratungsbedarf. In den ersten Jahrzehnten der Entwicklung des ökologischen Landbaus gab es von staatlicher Seite weder Beratungsangebote noch Finanzierungsbeiträge für die Beratung. Der selbst organisierten Beratung zwischen Landwirten kam daher große Bedeutung zu. Zunächst haben insbesondere erfahrene Praktiker Beratungsfunktionen übernommen, ergänzt durch regelmäßigen Erfahrungsaustausch zwischen den Landwirten und den Pionieren des ökologischen Landbaus. Später gab es zunehmend hauptamtliche Berater, wobei sich drei Organisationsformen unterscheiden lassen (Gerber et al., 1996):

- Verbandsberatung: Beratung durch Berater des Verbandes (z. T. mit staatlichen Zuschüssen)
- Ringberatung: Zusammenschlüsse von Erzeugern; diese stellen mit staatlicher Förderung Berater an
- Offizialberatung: staatlichen Beratern werden Beratungsaufgaben im ökologischen Landbau übertragen.

Auch im ökologischen Landbau nimmt die Spezialisierung zu und damit der Wunsch nach Spezialberatern, z. B. zu Fragen der Vermarktung, Betriebswirtschaft, Tierhaltung oder Sonderkulturen. Es gibt zunehmend Gruppierungen, die sich regional und überregional dieser Entwicklung anpassen.

Für die Beratung sind neben den genannten Erzeugerverbänden verschiedene Vereinigungen tätig wie z. B. der Ökoring Niedersachsen oder Ökoring Schleswig-Holstein sowie der Bio-Ring Allgäu e. V. Für Spezialfragen in der Tierhaltung steht z. B. die Beratung Artgerechte Tierhaltung (BAT) in Witzenhausen zur Verfügung.

Einmal im Jahr treffen sich die Bioberater im Rahmen einer Beratertagung. Zur Wissensvermittlung gibt die SÖL den alle drei Monate erscheinenden »Berater-Rundbrief - für die Beratung im ökologischen Landbau« heraus.

12 Forschung und Lehre

12.1 Forschung und Lehre zum ökologischen Landbau in Deutschland

Im Jahr 1981 erhielt die agrarwissenschaftliche Lehr- und Forschungslandschaft an den deutschen Fachhochschulen und Universitäten durch die Berufung von Prof. Dr. Hartmut Vogtmann zum Professor für Alternativen Landbau an die Gesamthochschule Kassel-Witzenhausen einen entscheidenden Impuls. 1988 wurde an der Universität Bonn der zweite Lehrstuhl (heute »Institut für Organischen Landbau«) unter Leitung von Prof. Dr. Ulrich Köpke eingerichtet. Inzwischen können die Studierenden an fast allen Agrar-Fachbereichen der Hochschulen in den höheren Semestern zumindest das Wahlfach »ökologischer Landbau« wählen. Je nach Schwerpunkt und Ausstattung der Hochschulen bestehen auch weitergehende Möglichkeiten.

Vorreiter in der Ausbildung zum ökologischen Landbau ist nach wie vor die Universität-Gesamthochschule Kassel-Witzenhausen. Seit dem Wintersemester 1996/97 gibt es dort den Diplomstudiengang »Ökologische Landwirtschaft«. Wichtig sind praktische Übungen und die Zusammenarbeit mit Betrieben in verschiedenen Ausbildungsabschnitten. Die Domäne Frankenhausen steht für Forschungsprojekte und Studienarbeiten zur Verfügung.

An den Agrarfakultäten der Universitäten wird ökologischer Landbau in der Regel als Wahlpflichtfach angeboten. Zu nennen sind:

- Berlin: Humboldt-Universität (Koordinatorin Ökologischer Landbau),
- Bonn: Rheinische-Friedrich-Wilhelms-Universität (Institut für Organischen Landbau mit dem Versuchsgut Wiesengut),
- Gießen: Universität Gießen (Professur für Organischen Landbau),

- Göttingen: Universität Göttingen (Institut für Pflanzenbau und Pflanzenzüchtung),
- Halle: Universität Halle (Lehrstuhl Ackerbau/ökologischer Landbau),
- Hohenheim: Universität Hohenheim (Koordinator für ökologischen Landbau),
- Kiel: Universität Kiel (Fachgebiet ökologischer Landbau),
- München: Technische Universität München-Weihenstephan (Koordinator für ökologischen Landbau),
- Universität-Gesamthochschule Paderborn, Wahlpflichtfach Ökologischer Landbau in Kooperation mit der FH Osnabrück,
- Rostock: Universität Rostock (Studiengang Agrarökologie),
- Witzenhausen: Universität Gesamthochschule Kassel, Fachgebiet Ökologischer Landbau; Fachgebiet Ökologischer Pflanzenbau; Fachgebiet Ökologische Tierhaltung; Fachgebiet Angewandte Nutztierethologie.

An den Fachhochschulen (FH) kann man ökologischen Landbau als Wahl- oder Wahlpflichtfach studieren.

- Die FH Anhalt in Berneburg hat innerhalb des Studienganges »Landwirtschaft« die Studienrichtung »ökologischer Landbau« eingerichtet.
- FH Rheinland-Pfalz in Bingen
- FH Erfurt (ökologischer Gartenbau)
- FH Kiel
- Die FH Neubrandenburg bietet ökologischen Landbau als Wahl- oder Wahlpflichtfach an.
- Die FH Nürtingen hat eine speziell ausgewiesene Professur für Agrarökologie/ökologischen Landbau.
- An der FH Osnabrück ist nach Einrichtung der Professuren für Agrarökologie und ökologische Tierhaltung der Studiengang »Agrarökologie« aufgebaut worden.

- FH Weihenstephan
- FH Weihenstephan, Abteilung Triesdorf.

Eine Adressliste der Ökolandbau-Forschungseinrichtungen in Deutschland ist über die SÖL-Internetseite www.soel.de abrufbar.
An vielen Studienorten gibt es Arbeitskreise zum ökologischen Landbau. Diese veranstalten z. B. Seminare und Exkursionen oder Aktionen wie Ökoessen in der Mensa, das es noch nicht überall gibt. Einmal im Jahr (seit 1979) findet ein Treffen der studentischen Arbeitskreise statt (meistens an Himmelfahrt), an dem ein Erfahrungsaustausch möglich ist. Eine Liste mit den Kontaktadressen der Arbeitskreise ist bei der Stiftung Ökologie & Landbau erhältlich.
Inzwischen haben auch zahlreiche landwirtschaftliche Fachschulen ein Wahl- und Pflichtangebot zum ökologischen Landbau von unterschiedlichem Umfang. Zu nennen sind in diesem Zusammenhang unter anderem: die Staatliche Technikerschule für Agrarwirtschaft - Fachrichtung Ökologischer Landbau, Landshut-Schönbrunn, die Landwirtschaftsschule Kleve und die Landwirtschaftsschule Rendsburg (gekürzt aus Reents, 1996; Reents und Obermaier, 1998).

12.2 Bundesinstitut für ökologischen Landbau

Das neue Institut für ökologischen Landbau in Trenthorst/Schleswig-Holstein, das im Dezember 2000 eröffnet wurde, wird der Bundesforschungsanstalt für Landwirtschaft (FAL) in Braunschweig-Völkenrode zugeordnet. Es wird zunächst über sechs Wissenschaftlerstellen verfügen. Hinzu kommen weitere 28 Mitarbeiter. Der Etat für Investitionen in Trenthorst beläuft sich auf 10 Mio. Euro.

12.3 Wissenschaftstagung zum ökologischen Landbau im deutschsprachigen Raum

Seit 1991 veranstaltet die SÖL alle zwei Jahre in Zusammenarbeit mit Lehrstühlen und Instituten Wissenschaftstagungen zum Ökolandbau sowie Symposien zu Spezialthemen (z. B. Weinbau, Betriebswirtschaft), bei denen die vielfältigen Forschungsarbeiten vorgestellt und

diskutiert werden (Reents, 2001; Hoffmann und Müller, 1999; Dewes et al., 1995; Freyer et al., 1995; Hampl et al., 1995; Köpke et al., 1997; Zerger, 1993).
Die jüngste Wissenschaftstagung fand vom 6. bis 8. Februar 2001 im Wissenschaftszentrum der TU München-Weihenstephan statt. Auf der Internetseite der SÖL abrufbar sind der Tagungsbericht sowie die englischen Abstracts.
Die nächste Wissenschaftstagung zum ökologischen Landbau wird vom 25. bis 27. März 2003 am Institut für ökologischen Landbau an der Universität für Bodenkultur in Wien stattfinden.
Näheres: Stiftung Ökologie & Landbau, Dr. Uli Zerger, Weinstraße Süd 51, D-67098 Bad Dürkheim.

13 Gentechnik

Die Arbeitsgemeinschaft Lebensmittel ohne Gentechnik (ALOG) stellte sich im Januar 1999 auf der grünen Woche in Berlin vor. Mitglieder sind die ArbeitsGemeinschaft Ökologischer Landbau (AGÖL), ARGE Gentechnik-frei e. V., Wien (A), Biologica, het Platform voor Biologische Landbouw en Voeding, Utrecht (NL), das Schweizer Forschungsinstitut für biologischen Landbau (FiBL), Frick, der Verband der Reformwarenhersteller (VRH) und die SÖL (siehe hierzu auch Alexander Beck et al.: »Lebensmittel ohne Gentechnik«, »Ökologie & Landbau«, Nr. 109, 1/99, Weber et al., 2000).
Die »Arbeitsgemeinschaft Lebensmittel ohne Gentechnik« hat sich zum Ziel gesetzt, die Nachfrage nach Rohstoffen ohne Gentechnik zu bündeln und den Markt auszubauen. Angesprochen werden ökologische und konventionelle Hersteller. Im Internet kann sich jeder darüber informieren, wer Produkte ohne Gentechnik anbietet. Das Projekt wurde u. a. von den Unternehmen Alnatura, tegut, Pfälzische Mühlenwerke GmbH, Bruno Fischer, NABU Niedersachsen, BUND Niedersachsen, IFOAM, Gene-Scan GmbH, BIOFACH, biodelta, Österreichische Interessengemeinschaft Biolandbau (ÖIG) sowie dem Bundesland Sachsen finanziell gefördert und von der Fachhochschule Fulda wissenschaftlich betreut. Die Datenbank ist im Internet abrufbar (www.infoxgen.com). Sie ging im Herbst des Jahres 2001 in die gemeinsame Trägerschaft mehrerer Öko-Kontrollstellen über.
Ausführlich zum Thema Gentechnik und Ökolandbau informiert die Internetseite »Biogene« (http://www.biogene.org), die vom Schweizer FiBL betreut wird.

Die Datenbank www.organicXseeds.com informiert europaweit über die Verfügbarkeit von gentechnikfreiem Ökosaat- und -pflanzgut. Die Produktpalette umfasst derzeit unter anderem Getreide, Gemüse, Obst und Futterbaukulturen. Die über 1000 registrierten Produkte stammen von 20 Anbietern aus sieben europäischen Ländern. Mit einer Suchfunktion kann der Bioproduzent gezielt nach seinen Sorten suchen und sich in seiner Sprache über das europaweite Angebot informieren. Die Datenbank wurde am 1.10.2001 vom neu gegründeten Verein InfoXgen e. V. übernommen. Träger des Vereins sind die Öko- Kontrollstellen alicon GmbH, Biozert GmbH (beide Deutschland), die Austria Bio Garantie (Österreich) und die bio.inspecta (Schweiz). Die Kontrollstellen nutzen die Datenbank für ihre eigene Arbeit. In der Datenbank infoXgen.com gelistete Produkte dürfen eingesetzt werden, ohne dass die Kontrollstellen hier weitere Zusicherungserklärungen verlangen.

14 Naturschutz

Der Ökolandbau wirtschaftet primär mit der Natur und nicht gegen sie. Er ist das Bindeglied zwischen wirtschaftlichen Zielen der Landwirtschaft und den ökologischen Notwendigkeiten für eine intakte Umwelt. Durch den Verzicht auf synthetische Handelsdünger und Pestizide sowie durch die Erweiterung der Fruchtfolgen erholen sich die Lebensgemeinschaften auf den Wirtschaftsflächen, was durch eine Vielzahl von Untersuchungen belegt ist (Weiger/Willer, 1997).
Für die Erhaltung und Förderung der Pflanzen- und Tierwelt müssen weitergehende Maßnahmen ergriffen und von der Gesellschaft entsprechend honoriert werden (v. Elsen/Daniel, 2000).
Mit der vom Bundestag im November 2001 beschlossenen Gesetzesnovelle erhält der Naturschutz die notwendige Stärkung im gesetzlichen Bereich. Zu den wesentlichen Änderungen gehören u. a. definierte Anforderungen an die sogenannte »gute fachliche Praxis«, die Schaffung eines Biotopverbunds sowie die erstmals bundesweit eingeführte Möglichkeit einer Verbandsklage. Der Erholungswert von Natur und Landschaft ist in der Zielbestimmung des Gesetzes verankert. Der Bund für Umwelt und Naturschutz Deutschland (BUND), der Deutsche Naturschutzring (DNR) und der Naturschutzbund (NABU) begrüßten das Gesetz vor allem wegen seiner Verpflichtung zur Schaffung eines Biotopverbunds auf mindestens zehn Prozent der Landesfläche. Kritik an der Gesetzesnovelle übte Jürgen Strodthoff von der Arbeitsgemeinschaft bäuerliche Landwirtschaft (AbL). Er bemängelt die Absicht des Gesetzes, die Kosten für Naturschutz auf die Bauern abzuwälzen. Besonders in ohnehin benachteiligten Regionen mit großem ökologischem Wert könnte das Höfesterben durch diesen konfrontativen Ansatz vorangetrieben werden.

15 Ausblick

Mit der Anfang 2001 eingeleiteten Agrarwende sind viele der agrarpolitischen Vorstellungen und Forderungen des ökologischen Landbaus ihrer praktischen Realisierung ein gutes Stück näher gekommen. Mit den erhöhten Flächenprämien, den verbesserten Investitionsbeihilfen, dem Bundesprogramm Ökolandbau und der Bio-Siegelkampagne dürfte sich der Anteil der Biobetriebe erhöhen und das Ziel 20 Prozent Ökolandbau in greifbarere Nähe rücken. Die geplanten oder bereits realisierten Maßnahmen werden unter Umständen jedoch nicht ausreichend sein, denn sie haben teilweise nur punktuellen oder Projektcharakter, und sie sind zeitlich begrenzt.

Es bedarf jetzt einer langfristigen Strategie zur Entwicklung des ökologischen Landbaus in Deutschland in Abstimmung mit den europäischen Nachbarn. Eine solche Strategie müsste gemeinsam mit den Akteuren des ökologischen Landbaus entwickelt werden. Sie sollte Überlegungen zur Änderung des Förderinstrumentariums im Rahmen der GAK, weiterhin eine staatlich gestützte Strategie des Lebensmitteleinzelhandels zur dauerhaften und kontinuierlichen Erhöhung des Bioanteils sowie die Umwidmung von Forschungsgeldern zugunsten des Ökolandbaus einschließen. Die bislang praktizierte Anpassung der Forschungsgelder an den jeweiligen aktuellen Anteil der Biofläche nützt wenig, denn der ökologische Landbau hat Nachholbedarf in Sachen Forschung.

Schließlich ist zu nennen, dass bei Neubesetzungen von Stellen in Wissenschaft und Agrarverwaltung solche Kandidat/innen den Vorrang haben sollten, die dem ökologischen Landbau gegenüber aufgeschlossen sind. Nur so kann die Agrarwende langfristig gesichert werden.

16 Literatur

AGÖL (Hrsg.): Rahmenrichtlinien für den ökologischen Landbau. Darmstadt, 2000, Bezug: AGÖL, Rungestraße 19, Berlin; Internet: http://www.agoel.de/erili/index.htm

AGÖL und BNN-Hersteller (Hrsg.): Rahmenrichtlinien Verarbeitung für Produkte aus Ökologischem Landbau, 1998, Bezug: AGÖL, Rungestraße 19, Berlin; Internet: http://www.agoel.de/vrili/index.htm

AgrarBündnis: Der Kritische Agrarbericht 1993 ff., AbL-Verlag, Rheda-Wiedenbrück

AID (Hrsg.): Lebensmittel aus ökologischem Landbau, 10. überarb. Auflage, Bonn, 2001

Aktionsbündnis Ökolandbau: Agrarpolitische Maßnahmen zur Ausweitung der ökologischen Landwirtschaft. Gerlinde Wiese, Kirchplatz 1, D-37249 Neu-Eichenberg, 2001. Abrufbar unter http://www.soel.de/ARCHIV/aktionsbuendnis2001.pdf

BioPress Magazin für Naturwaren und Naturkost, Schulstr. 10, D-74927 Eschelbronn

Bundesforschungsanstalt für Landwirtschaft FAL (2001): Tagung »Politik für den ökologischen Landbau«, 5./6. April 2001. Kurzfassungen und Pressemitteilungen der Referenten (online). Bundesforschungsanstalt für Landwirtschaft, Braunschweig, Germany, April 2001. Portable Document Format. Abrufbar unter: http://www.bal.fal.de/download/Tagung_2001_Nieberg.pdf

Bundesregierung (2001): Memorandum der Regierung der Bundesrepublik Deutschland zur Weiterentwicklung der Vorschriften über den ökologischen Landbau (online). BMVEL-Hompage, Bundesministerium für Verbraucherschutz, Ernährung und Landwirtschaft, Bonn, Germany, November 2001. HTML-Format. Abrufbar unter http://www.verbraucherministerium.de/landwirtschaft/oekolog-landbau/memorandum-oekolandbau.htm

ECEAT (Hrsg.): Urlaub auf Biohöfen in Deutschland, Schwerin, 11. vollst. überarb. Auflage, 2001, Internet:http://www.biohoefe.de

Bundesministerium für Umwelt, Jugend und Familie/Bundesministerium für Land- und Forstwirtschaft: Der Biologische Landbau in Österreich, Monographien Bd. 35, Wien, März 1993

Dewes, Thomas und Liliane Schmitt (Hrsg.): Wege zu dauerfähiger, naturgerechter und sozialverträglicher Landbewirtschaftung. Beiträge zur 3. Wissenschaftstagung zum Ökologischen Landbau vom 21. bis 23. Februar 1995 an der Christian-Albrechts-Universität zu Kiel. Wissenschaftlicher Fachverlag, Gießen, 1995

Elsen van, Thomas und Götz Daniel: Naturschutz praktisch. Mainz, 2000

Eurostat 1997: Basic Statistics of the European Union 1996 - Comparison with the principal partners of the Union, 33. Ausgabe, Brüssel/Luxemburg

forsa: Die Deutschen und ihre Ernährung - Was werden wir übermorgen essen? Berlin, 1997

Freyer, Bernhard, Bernhard Lehman et al. (Hrsg.): Betriebswirtschaft im biologischen Landbau. Beiträge zur Tagung vom 3. bis 5. April 1995 an der ETH Zürich. SÖL-Sonderausgabe Nr. 57, Bad Dürkheim, 1995

Gerber, Alexander, Volker Hoffmann und Michael Kügler: Das Wissenssystem im ökologischen Landbau in Deutschland. Landwirtschaftsverlag, Münster Hiltrup, 1996

Graf, Steffi, Manon Haccius, Helga Willer (Hrsg.): Die EU-Verordnung zur ökologischen Tierhaltung - Hinweise und Umsetzung. SÖL-Sonderausgabe Nr. 72, Bad Dürkheim, 1999, http://www.soel.de/inhalte/publikationen/s_72.pdf,

Graf, Steffi and Helga Willer (Eds.): Organic Agriculture in Europe – Current Status and Future Prospects of Organic Farming in Twenty-five European Countries. Results of the Internet Project http://www.organic-europe.net; co-funded by the European Commission, Agriculture Directorate-General, SÖL-Sonderausgabe 75, Bad Dürkheim, 2000

Haccius, Manon und Wolfgang Neuerburg: Ökologischer Landbau. Grundlagen und Praxis. AID-Heft 1070, Bonn, 2. überarbeitete Auflage 2001

Hamm, Ulrich: Ökoanteil am Lebensmittelmarkt 2000. Mitteilung an die SÖL im November 2001. Abrufbar unter www.soel.de

Hampl, Ulrich, Uwe Hofmann et al. (Hrsg.): Öko-Weinbau. Boden- und Pflanzenpflege, Weinqualität und Betriebswirtschaft. Beiträge zum 5. Internationalen Ökologischen Weinbaukongress in Bad Dürkheim vom 2. bis 4. November 1995. SÖL-Sonderausgabe Nr. 64, Bad Dürkheim, 1995

Hampl, Ulrich, Uwe Hofmann, Pauline Köpfer: Umstellung auf ökologischen Weinbau, SÖL-Sonderausgabe Nr. 29, Bad Dürkheim, 1995

Hoffmann, Heide und Susann Müller (Hrsg.): Vom Rand zur Mitte. Beiträge zur 5. Wissenschaftstagung zum Ökologischen Landbau; 23.-25. Februar 1999 in Berlin. Verlag Dr. Köster, Berlin, 1999, Internet: http://www.agrar.hu-berlin.de/foa/veranst.htm

International Federation of Organic Agriculture Movements/Internationale Vereinigung Biologischer Landbaubewegungen (2001): Basis-Richtlinien für ökologische Landwirtschaft und Verarbeitung. 13., vollständig überarbeitete Auflage, verabschiedet von der IFOAM-Generalversammlung in Basel, Schweiz, September 2000 (online). IFOAM Homepage ,13th edition, International Federation of Organic Agriculture Movements, Tholey-Theley, Germany, December 2000. Abrufbar unter: http://www.ifoam.org/standard/cover.html

IFOAM (2001): Organic Agriculture Worldwide. (Verzeichnis der Mitglieder), Tholey-Theley, Internet http://www.ifoam.org/pub/direct.html

Koepf, Herbert H., Wolfgang Schaumann und Manon Haccius: Biologisch-Dynamische Landwirtschaft. Eine Einführung. Eugen Ulmer GmbH & Co., Stuttgart, 4. Auflage 1996

Koepf, Herbert H: Biologisch-dynamische Forschung. Methoden und Ergebnisse. Verlag Freies Geistesleben, Stuttgart, 1997

Koepf, Herbert H,- und Bodo von Plato: Die biologisch-dynamische Wirtschaftsweise im 20. Jahrhundert, Verlag am Goetheanum CH-Dornach 2001

Köpfer, Paulin und Helga Willer: Vortrag für die Konferenz Biobacchus, Frascati, Villa Aldobrandini, 5. bis 6. Mai 2000, abzurufen im Internet unter http: www.organic-europe.de/country_reports/germany/viticulture.asp, Stiftung Ökologie & Landbau, Bad Dürkheim, 09.06.2001

Köpfer, Paulin, Eva Gehr und Immo Lünzer: Deutscher Ökoweinbau kommt langsamer voran. Z. Ökologie & Landbau, 1/2002

Köpke, Ulrich und Jons Eisele (Hrsg.): Beiträge zur 4. Wissenschaftstagung zum Ökologischen Landbau, 3. bis 4. März 1997 an der Rheinischen Friedrich-Wilhelms-Universität, Bonn. Verlag Dr. Köster, Berlin, 1997

Kreuzer, Kai: Bio-Vermarktung. Vermarktungswege für Lebensmittel aus ökologischer Erzeugung. Lauterbach, 1996

Ledebur, Jan von: Gedankliches Nachspiel zur ergebnislos abgebrochenen WTO-Konferenz von Seattle 1999; Gedankliches Vorspiel für die anberaumte WTO-Konferenz von Katar 2001. SÖL-Sonderdruck, 2001

Lünzer, Immo und Hartmut Vogtmann (Hrsg.): Ökologische Landwirtschaft. Springer LoseBlattSysteme, Berlin, Heidelberg, New York, 1995 - 2000

Ministerium für Naturschutz, Ernährung, Landwirtschaft und Verbraucherschutz des Landes Nordrhein-Westfalen (MUNLV) (2001): EU-Verordnung Ökologischer Landbau - Eine einführende Erläuterung mit Beispielen (online). MUNLV-Hompage, Düsseldorf. HTML and PDF-Format. Abrufbar unter http://www.murl.nrw.de/sites/arbeitsbereiche/landwirtschaft/verord_oeko_landbau/index.html

Nieberg, Hiltrud und Renate Strohm-Lömpcke: Förderung des ökologischen Landbaus in Deutschland: Entwicklung und Zukunftsaussichten. In: Agrarwirtschaft 50 (2001), Heft 7, S. 410-420

Ökoplant e. V./Stiftung Ökologie & Landbau: Praxis des ökologischen Kräuteranbaus. Ökologische Konzepte Band 96, Bad Dürkheim, 1999

Redelberger, Hubert: Betriebsführung im ökologischen Landbau. Bioland Verlags GmbH und Stiftung Ökologie & Landbau, Mainz und Bad Dürkheim, 2000

Reents, Hans-Jürgen (Hrsg.): Beiträge zur 6. Wissenschaftstagung zum Ökologischen Landbau, 6. bis 8.3.2001, Verlag Dr. Köster, Berlin, 2001. Verlag-koester@t-online.de, Internet: http://www.weihenstephan.de/oel

Reents, Hans-Jürgen: Qualifizierung im ökologischen Landbau. AID-Heft Nr. 1290. Bonn, 1996

Rusch, Hans-Peter: Bodenfruchtbarkeit. Haug-Verlag, Heidelberg, 1968

Schaumann, Wolfgang: Rudolf Steiners Kurs für Landwirte. SÖL-Sonderausgabe Nr. 46, Bad Dürkheim, 1996

Schaumann, Wolfgang, Immo Lünzer und Georg Siebeneicher: Geschichte des ökologischen Landbaus. SÖL-Sonderausgabe Nr. 65, Bad Dürkheim, 2002

Schmidt, Hanspeter und Manon Haccius: EG-Verordnung Ökologischer Landbau - Eine juristische und agrarfachliche Kommentierung. Ökologische Konzepte Bd. 81, Bad Dürkheim, 2. vollständig überarbeitete Auflage, 1994

Schmidt, Hanspeter and Manon Haccius: EU-Regulation »organic farming«. A legal and Agro-Ecological Commentary on the EU's Council regulation (EEC) 2092/91. Weikersheim

Schmidtke, Knut, Gerhard Hirn und Immo Lünzer (Hrsg.): Gentechnikfreie Lebensmittelerzeugung - Voraussetzungen, Konzepte, Perspektiven. SÖL-Sonderausgabe Nr. 70, Bad Dürkheim, 1996

Schneider, Manuel: Mythen der Landwirtschaft. Argumente für eine ökologische Agrarkultur - Fakten gegen Vorurteile, Irrtümer und Unwissen. Bad Dürkheim, 2. veränderte und ergänzte Auflage, 2001

Schulze Pals, Ludger und Hiltrud Nieberg: Öffentliche Förderung Teil 1: Folgen der Umstellung auf ökologischen Landbau. In: Lünzer, Immo und Hartmut Vogtmann, 7. Nachlieferung, 1997

Steiner, Rudolf: Geisteswissenschaftliche Grundlagen zum Gedeihen der Landwirtschaft. Landwirtschaftlicher Kursus. Rudolf Steiner Verlag, Dornach, Bibliographie Nr. 327, Leinenausgabe, 6. Auflage 1984 (Taschenbuchausgabe, 1989)

Thomas, Frieder, Manuel Schneider und Jobst Kraus (Hrsg.): Kommunen entdecken die Landwirtschaft. Ökologische Konzepte Bd. 94, Bad Dürkheim, 1995

Vogt, Gunter: Entstehung und Entwicklung des ökologischen Landbaus im deutschsprachigen Raum. Ökologische Konzepte Bd. 99, Bad Dürkheim, 2000

Weber, Barbara, Gerhard Hirn, Immo Lünzer (Hrsg.): Öko-Landbau und Gentechnik – Entwicklungen, Risiken, Handlungsbedarf, Ökologische Konzepte Bd. 97, Bad Dürkheim, 2000

Weiger, Hubert und Helga Willer: Naturschutz durch ökologischen Landbau. Ökologische Konzepte Bd. 95, Bad Dürkheim, 1997

Willer, Helga (Hrsg.): Ökologischer Landbau in Europa. Perspektiven und Berichte aus den Ländern der EU und den EFTA-Staaten. Ökologische Konzepte Bd. 98, Bad Dürkheim, 1998

Willer, Helga und Minou Yussefi: Ökologische Agrarkultur weltweit - Organic Agriculture Worldwide - Statistiken und Perspektiven - Statistics and Future Prospects.
deutsch-englisch; German-English; SÖL-Sonderausgabe Nr. 74, Bad Dürkheim, 3., überarbeitete Auflage, 2001,
Abrufbar unter: http://www.soel.de/inhalte/publikationen/s_74_ges.pdf
oder »portioniert« unter:
http://www.soel.de/inhalte/publikationen/s_74_03_1.pdf -
http://www.soel.de/inhalte/publikationen/s_74_03_2.pdf -
http://www.soel.de/inhalte/publikationen/s_74_03_3.pdf.

Zeitschrift Ökologie & Landbau Nr. 3/1999, Schwerpunkt biologisch-dynamische Landwirtschaft, http://www.soel.de/inhalte/publikationen/oel_inh111.html

ZMP - Zentrale Markt- und Preisberichtstelle: Verkaufspreise im ökologischen Landbau. Materialien zur Marktberichterstattung, Band 16. Arbeitsbericht 1997, Bonn, 1997

ZMP - Zentrale Markt- und Preisberichtstelle: ZMP-Materialien zur Marktberichterstattung (Band 26). Strukturdaten zum ökologischen Landbau. Sonderdruck zur BIOFACH, 1999

ZMP - Zentrale Markt- und Preisberichtstelle: Schätzungen zur Landnutzung und Tierhaltung ökologisch wirtschaftender Betriebe für das Jahr 1999. In: Ökomarkt Forum, Nr. 48 vom 30.11.2001, S. 6-7

Zerger, Uli (Hrsg.): Forschung im ökologischen Landbau. Beiträge zur Zweiten Wissenschaftstagung im ökologischen Landbau. SÖL-Sonderausgabe Nr. 42, Bad Dürkheim, 1993

SÖL-Infoblätter zu den Themen: »Die EG-Öko-Verordnung«, »Rohmilch«, »BSE-Rinderwahnsinn«, »Pseudo-Bio«, »Bio-Metzgereien« (Bezug: Stiftung Ökologie & Landbau, Postfach 1516, D-67089 Bad Dürkheim, Internet http://www.soel.de/publikationen/infoblaetter.html)

17 Adressen

Nachfolgend werden die wichtigsten Adressen zum ökologischen Anbau in Deutschland genannt. Weitere Adressen zum ökologischen Landbau in Deutschland und in Europa in der SÖL-Adressdatenbank (http://www.soel.de/inhalte/aktuell/adressen.html)

17.1 Erzeugerverbände

ArbeitsGemeinschaft Ökologischer Landbau – AGÖL
  Cordula Binder, Rungestraße 19, D-10179 Berlin,
  Tel. +49-30-234586-50 Fax +-49-30-234586-52
  E-Mail: AGOEL@t-online.de, Internet: http://www.agoel.de

Mitglieder der AGÖL:

- ANOG - AG für naturnahen Obst-, Gemüse- und Feldfruchtanbau, Bundesverband
  Michael Morawietz
  Pützchens Chaussee 60
  D-53227 Bonn
  Tel. +49-228-46 12 62, Fax +49-228-461558
  E-Mail: anogev@t-online.de
  Internet: http://www.bonnet.de/ANOG/

- Biokreis e. V.
  Werner Fischer
  Heiligengeist-Ecke Hennengasse
  D-94032 Passau
  Tel. +49-851-32333, Fax +49-851-32332
  E-Mail: biokreis@t-online.de

- Ecovin - Bundesverband Ökologischer Weinbau (BÖW)
  Bundesgeschäftsstelle, Marianne Knab
  Wormser Str. 162
  D-55276 Oppenheim
  Tel. +49-6133-1640, Fax +49-6133-1609
  E-Mail: ecovin@t-online.de
  Internet: http://www.ecovin.de

- Gäa - Vereinigung Ökologischer Landbau
  Hauptgeschäftsstelle, Kornelie Blumenschein
  Am Beutlerpark 2
  D-01217 Dresden
  Tel. +49-351-4012389 Fax +49-351-4012389
  E-Mail: info@gaea.de
  Internet: http://www.gaea.de

- Naturland - Verband für naturgemäßen Landbau
  Bundesgeschäftsstelle, Gerald A. Herrmann
  Kleinhadernerweg 1
  D-82166 Gräfelfing
  Tel. +49-89-89 80 82-0 Fax +49-89-89 80 82 90
  E-Mail: naturland.@naturland.de
  Internet: http://www.naturland.de

- Ökosiegel, Verein Ökologischer Landbau
  Arnold Kröger
  Barnser Ring 1
  D-29581 Gerdau
  Tel. +49-5808- Fax +49-5808-1834

Sonstige

Bioland - Verband für ökologischen Landbau
  Bioland Bundesverband
  Bundesvorstand Thomas Dosch
  Kaiserstraße 18
  D-55116 Mainz
  Tel. +49-6131-2397914, Fax +49-6131-2397927
  E-Mail: bundesvorstand@bioland.de
  Internet: http://www.bioland.de

Demeter Bund e. V. / Demeter Marktforum
  Geschäftsführung Dr. Peter Schaumberger
  Brandschneise 1
  D-64295 Darmstadt
  Tel. +49-6155-84690, Fax +49-6155-846911
  E-Mail: Info@Demeter.de
  Internet: http://www.demeter.de

Forschungsring für Biologisch-Dynamische Wirtschaftsweise e. V.
  Geschäftsführung Immo Lünzer
  Brandschneise 1
  D-64295 Darmstadt
  Tel. +49-6155-8412-41
  Fax +49-6155-846911
  E-Mail: Immo.Luenzer@forschungsring.de
  Internet: http://www.forschungsring.de

Biopark
  Prof. Dr. Heide-Dörte Matthes
  Karl-Liebknecht-Str. 26
  D-19395 Karow
  Tel. +49-38738-70309, Fax +49-38738-70024
  E-Mail: hdmatthes@t-online.de
  Internet: http://www.biopark.de

17.2 Kontrollstellen und staatliche Kontrollbehörden

In Deutschland gibt es zwei Arbeitsgemeinschaften der insgesamt ca. 20 Kontrollstellen:
Arbeitsgemeinschaft der Kontrollstellen (AGK).
Der Vorsitz und damit das Sekretariat der Gruppe wechselt jährlich.
Auskunft erteilen:

- Prof. Dr. Angelika Meier-Ploeger, INAC
  Rudolf-Herzog-Str. 32
  D-37213 Witzenhausen
  Tel. +49-5542-911400, Fax +49-5542-911401
- Peter Grosch
  Öko-Garantie BCS GmbH
  Cimbernstr. 21
  D-90402 Nürnberg
  Tel. +49-911-49173, Fax +49-911-492239
- Lacon GmbH
  In der Spöck 10
  D-77656 Offenburg
  Tel. +49-781-55802, Fax +49-781-55812
- Konferenz der Kontrollstellen für ökologischen Landbau e. V. (KdK)
  c/o Gesellschaft für Ressourcenschutz
  Dr. Jochen Neuendorff
  Prinzenstrasse 4
  D-37073 Göttingen
  Tel. +49-551-58657, Fax +49-551-58774
  E-Mail: neuendorff-gfr@t-online.de

In Deutschland gibt es in jedem Bundesland mindestens eine Kontrollbehörde, die die Umsetzung der EG-Verordnung 2092/91 überwacht. Die Länderarbeitsgemeinschaft der Öko-Kontrollbehörden (LÖK) koordiniert die Arbeit dieser Behörden.

- LÖK - Länderarbeitsgemeinschaft der Öko-Kontrollbehörden
  c/o Dr. Antonius Woltering
  Landesanstalt für Ernährungswirtschaft und Jagd
  Postfach 300651
  D-40406 Düsseldorf
  Tel. +49-221-4566456
  Fax +49-221-4566452

17.3 Forschung

Die Adressen der wichtigsten Forschungsinstitutionen in Deutschland findet man unter http://www.soel.de/inhalte/aktuell/adressen_forschung_d.html.

17.4 Referat Ökologischer Landbau

- Bundesministerium für Verbraucherschutz, Ernährung und Landwirtschaft, Referat 515,
  Dr. Ingo Braune
  Postfach 140270
  D-53107 Bonn
  Tel. +49-228-529-0
  Fax +49-228-4262

17.5 Vermarktung

- Bundesverbände Naturkost Naturwaren
  Zusammenschluss der Naturkosteinzelhändler und -großhändler
  Robert-Bosch-Str. 6
  D-50354 Hürth-Efferen
  Tel. +49-2233-9633811
  Fax +49-2233-9633810
  http://www.n-bnn.de

- Informationsstelle Bio-Siegel bei der ÖPZ GmbH
  Rochusstraße 2
  D-53123 Bonn
  Tel. +49-228-9777700
  Fax +49-228-9777799
  E-Mail: info@oepz.de
  Internet: http://www.oepz.de/oepz/biosiegel/index.htm

17.6 Weitere Institutionen

- Forschungsinstitut für biologischen Landbau
  FiBL Berlin e. V.
  Rungestrasse 19
  D-10179 Berlin
  Tel. +49 -30-27581750
  Fax: +49-30-27581759
  E-Mail: berlin@fibl.de
  Internet: http://www.fibl.de

- Gesellschaft für Ökologische Tierhaltung (GÖT) e. V.
  c/o Universität Gesamthochschule Kassel
  Dr. Bernhard Hörning
  Nordbahnhofstr. 1a
  D-37213 Witzenhausen
  Tel. +49-5542-981641 bis 43
  Fax +49-5542-981588
  E-Mail: vorstand@goet.de
  Internet: http://www.goet.de/

- Gregor Louisoder Umweltstiftung
  Claus Obermeier
  Brienner Straße 46
  D-80333 München
  Tel. +49-89-54212142
  Fax +49-89-52389335
  E-Mail: GLUSoffice@aol.com

- IFOAM -
  International Federation of Organic Agriculture Movements
  Bernward Geier
  Ökozentrum Imsbach
  D-66636 Tholey-Theley
  Tel. +49-6853-919890, Fax +49-6853-919899
  E-Mail: HeadOffice@ifoam.org
  Internet: http://www.ifoam.org
- IFOAM-Regionalgruppe deutschsprachige Länder, Koordination
  c/o Forschungsinstitut für biologischen Landbau (FiBL)
  Dr. Helga Willer
  Ackerstrasse
  CH-5070 Frick
  Tel. +41-62-8657271, Fax +41-62-8657273
  E-Mail: helga.willer@fibl.ch
  Internet: http://www.ifoam.de
- InfoXgen für Deutschland
  Rolf Mäder, alicon GmbH
  Schelztorstr. 9
  D-73728 Esslingen
  Tel. +49-711-3517920
  Fax +49-711-35179220
  E-Mail: r.maeder@alicon.de
  Internet: http://www.infoXgen.com

  InfoXgen für Österreich
  Alexandra Hozzank
  Königsbrunner Str. 8
  A-2002 Enzersfeld
  Tel. +43-2262-672212-31
  Fax +43-2262-674143
  E-Mail: info@infoxgen.com

InfoXgen für die Schweiz
Dr. Regula Bickel, bio.inspecta
Ackerstrasse/Postfach
CH-5070 Frick
Tel. +41-62-8656300
Fax +41-62-865630

- Schweisfurth-Stiftung
  Südliches Schloßrondell 1
  D-80638 München
  Tel. +49-89-171826
  Fax +49-89-171816
  E-Mail: info@schweisfurth.de
  Internet: http://www.schweisfurth.de

- Stiftung Ökologie & Landbau (SÖL)
  Dr. Uli Zerger
  Weinstraße Süd 51
  D-67098 Bad Dürkheim
  Tel. +49-(0)-6322-989700
  Fax 06322-989701
  E-Mail: info@soel.de
  Internet: http://www.soel.de

- Gut Hohenberg
  Seminarbauernhof der Stiftung Ökologie & Landbau
  Dr. Ulrich Hampl
  Krämerstraße
  D-76855 Queichhambach
  Tel. +49-6346-928555
  Fax +49-6346-928556
  E-Mail: hampl@soel.de
  Internet: http://www.gut-hohenberg.de

- Zukunftsstiftung Landwirtschaft, GLS Gemeinschaftsbank eG
  Cornelia Roeckl
  Oskar-Hoffmann-Str. 25
  D-44789 Bochum
  Tel. +49-234-57 97-0
  Fax +49-234-57 97-133
  E-Mail: Bochum@Gemeinschaftsbank.de

Adressen weiterer Institutionen in der SÖL-Adressdatenbank (http://www.soel.de/inhalte/aktuell/adressen.html).

18 Adressen von weiterführenden Internetseiten

(sofern nicht Literaturhinweise)
- Alnatura
  http://www.alnatura.de
- ANOG
  http://www.bonnet.de/ANOG/
- ArbeitsGemeinschaft Ökologischer Landbau - AGÖL
  http://www.agoel.de/

  Agrarpolitische Forderungen der AGÖL im Frühjahr 2000
  http://www.agoel.de/agoel_info/inf_07_00.htm

  Austritt von Demeter und Bioland aus der AGÖL im März 2001
  http://www.soel.de/inhalte/aktuell/2001/kurz_2001_02_12.htm

  Dokumentation der Agrarpolitischen Gespräche »Liberalisierung des Welthandels als Herausforderung für den Ökologischen Landbau«
  http://www.agoel.de/download/200002.pdf
- Arbeitsgemeinschaft Lebensmittel ohne Gentechnik« (ALOG)
  http://www.infoxgen.com/

  ALOG-Vorstellung auf der Grünen Woche in Berlin 99
  http://www.soel.de/aktuell/1999/pm_990122.html

  Datenbank für gentechnikfreie Rohstoffe
  http://www.infoxgen.com

  Foliensammlung zum ökologischen Landbau
  http://www.infoxgen.com/oekoland/index.htm
- biodelta
  http://www.ztb.de/
- Biogene
  http://www.biogene.org
- BioFach - Messe
  http://www.biofach.de

- Biogene: Internetseite zum Thema Gentechnik und Ökolandbau
  http://www.biogene.org
- Bioland
  http://www.bioland.de/
- bio-land - Fachzeitschrift für den ökologischen Landbau
  http://www.bioland.de/bio-land/rahm-inf.htm
- Biologica, het Platform voor Biologische Landbouw en Voeding
  http://www.platformbiologica.nl/
- Biopark
  http://www.biopark.de/
- Bio-Siegel
  http://www.bio-siegel.de
- Bundesforschungsanstalt für Landwirtschaft
  http://www.fal.de

  Tagung »Politik für den ökologischen Landbau«
  http://www.bal.fal.de/download/Tagung_2001_Nieberg.pdf
- Bundesverband Naturkost u. Naturwaren
  http://www.n-bnn.de
- Bund für Umwelt und Naturschutz (BUND)
  http://www.bund.net

  Marktanalyse
  http://www.bund.net/presse/msg00441.html
- CMA
  http://www.cma.de
- Demeter
  http://www.demeter.de/
- Ecovin
  http://www.ecovin.de/
- Europäische Kommission:
  EG-Verordnung 1257/1999
  http://europa.eu.int/comm/agriculture/rur/countries/index_de.htm

EG-Verordnung Ökolandbau (Nr. 2092/91/EWG)
http://www.soel.de/inhalte/oekolandbau/richtlinien.html

EU-Tierhaltungsverordnung
http://www.soel.de/oekolandbau/richtlinien.html

- Fachhochschule Nürtingen, Professur Agrarökologie / ökologischer Landbau
  http://www.iaf.fh-nuertingen.de/index.htm
- Forschungsinstitutionen, Liste der SÖL
  http://www.soel.de/aktuell/adressen_forschung_d.pdf
- Forschung und Lehre, Informationsangebot der SÖL
  http://www.soel.de/oekolandbau/forschung.html
- Forschungsinstitut für biologischen Landbau (FiBL), Deutschland
  http://www.fibl.de
- Forschungsinstitut für biologischen Landbau (FiBL), Schweiz
  http://www.fibl.ch
- Forschungsring für Biologisch-Dynamische Wirtschaftsweise e. V.
  http://www.forschungsring.de/ie.html
- Gäa
  http://www.gaea.de/
- GeneScan GmBH
  http://www.genescan.com/
- Gesellschaft für Ressourcenschutz
  http://www.gfrs.de/
- Gregor Louisoder Umweltstiftung
  http://www.umweltstiftung.com/
- IFOAM
  http://www.ifoam.org/

  IFOAM-Regionalgruppe deutschsprachige Länder
  http://www.ifoam.de

Agenda 2000 und ihre Auswirkungen auf den ökologischen Landbau
http://www.ifoam.de/agenda2000/index.html

EU-Verordnung ökologische Tierhaltung
http://www.soel.de/publikationen/s_72.pdf

Koordination der Öko-Landbauforschung
http://www.soel.de/oekolandbau/research_ifoam.html

Wissenschaftstagung der IFOAM, in Basel 2000
http://www.ifoam2000.ch

Wissenschaftstagung der IFOAM, in Vancouver 2002
http://www.cog.ca/ifoam2002/

- Institut für biologisch-dynamische Forschung
  http://www.ibdf.de
- Konferenz der Kontrollstellen (KdK)
  http://www.oeko-kontrollstellen.de/
- Kontrollbehörden, Statistik über Entwicklung des Ökolandbaus nach EU-Verordnung
  http://www.soel.de/oekolandbau/statistik_d_vo209291.html
- Kontrollstellen in Deutschland, Liste
  http://www.soel.de/aktuell/adressen_kontrollstellen.html
- Ministerium für Verbraucherschutz, Ernährung und Landwirtschaft
  http://www.verbraucherministerium.de

Bundesprogramm für den Ökolandbau ab 2002
http://www.verbraucherministerium.de/pressedienst/pd2001-25.htm#01

Förderpreis für ökologischen Landbau des BMVEL
http://www.katalyse.de/foerderpreis/

Konzept zur Förderung des ökologischen Landbaus
http://www.bml.de/landwirtschaft/oekolandbau/titel.htm

Ökolandbau beim BMVEL
http://www.bml.de/landwirtschaft/oekolandbau.htm

Staatliches ÖkoSiegel
http://www.biosiegel.de
http://www.soel.de/oekolandbau/richtlinien_biosiegel.html

Unterstützung der Vermarktung und von Investitionen
http://www.verbraucherministerium.de/landwirtschaft/oekolog-landbau/oekolog-landbau.htm

- Ministerium NRW, Hinweise für Landwirte zur Umsetzung der EG-Verordnung ökologischer Landbau
  http://www.murl.nrw.de/sites/arbeitsbereiche/landwirtschaft/verord_oeko_landbau/index.html
- NABU
  http://www.bybyte.de/nabu/nabuhead.html
- Naturland
  http://www.naturland.de/
- Öko-Prüfzeichen GmbH
  http://www.oepz.de
- Öko-Prüfzeichen
  http://www.oekopruefzeichen.de
- Österreichische Interessengemeinschaft Biolandbau (ÖIG)
  http://www.oekoland.at/
- OrganicXseeds: Datenbank für ökologisches Saat- und Pflanzgut
  http://www.organicxseeds.com
- Pfälzische Mühlenwerke GmbH
  http://www.goldpuder.de/
- Schweisfurth-Stiftung
  http://www.schweisfurth.de

  Agrarkulturpreis
  http://www.schweisfurth.de/navigation/frame_preise.htm

- Stiftung Ökologie & Landbau
  http://www.soel.de/

  Adressdatenbank
  http://www.organic-europe.net/address_database/de/advanced.asp

  SÖL-Hof
  http://www.soel.de/inhalte/projekte/soelhof.html

  SÖL-Beraterrundbrief
  http://www.soel.de/publikationen/br.html

  Bibliothek
  http://www.soel.de/soel/bibliothek_archiv.html

  SÖL-Buchreihe »Ökologische Konzepte«
  http://www.soel.de/publikationen/buecher.html

  Buchreihe »Praxis des Ökolandbaus«
  http://www.soel.de/publikationen/poe.html

  Infoblätter der SÖL
  http://www.soel.de/publikationen/infoblaetter.html

  Schriftenreihe »SÖL-Sonderausgaben«
  http://www.soel.de/publikationen/buecher.html

  SÖL-Tätigkeitsbericht
  http://www.soel.de/soel/taetigkeitsbericht00.html

  Zeitschrift Ökologie & Landbau
  http://www.soel.de/publikationen/oe_u_l.html

- Studentische Arbeitskreise ökologischer Landbau
  http://www.soel.de/oekolandbau/forschung_stud_ak.html

- tegut
  http://www.tegut.com/

- Universität Bonn, Institut für Organischen Landbau
  http://www.uni-bonn.de/iol/

- Universität-Gesamthochschule Kassel-Witzenhausen, Diplomstudiengang »Ökologischer Landbau«
  http://www.wiz.uni-kassel.de/wiz.html
  Fachgebiet für ökologischen Landbau
  http://www.wiz.uni-kassel.de/foel/index.html
  Fachgebiet für ökologische Tierhaltung
  http://www.wiz.uni-kassel.de/tier/index.html
  Fachgebiet für angewandte Nutztierethologie
  http://www.wiz.uni-kassel.de/art/index.html
- Universität Gießen, Professur für Organischen Landbau
  http://www.uni-giessen.de/orglandbau/
- Universität Hohenheim, Koordinator für ökologischen Landbau
  http://www.uni-hohenheim.de/i3v/00000700/00503041.htm
- Universität München-Weihenstephan, ökologischer Landbau
  http://www.weihenstephan.de/oel/
- Verband der Reformwarenhersteller (VRH)
  http://www.reformhaus.de/
- Wissenschaftstagung zum ökologischen Landbau
  http://www.soel.de/projekte/wissenschaftstagung.html
  Tagungsbericht der Wissenschaftstagung ökologischer Landbau vom 6.-8.02.01 in München-Weihenstephan
  http://www.soel.de/ARCHIV/reents_2001_01.pdf
  englische Abstracts
  http://www.soe.de/ARCHIV/reents_2001_02.doc
- Wissenschaftstagung ökologischer Landbau 2003
  http://www.soel.de/aktuell/2000/kurz_2000_03_10.html
- Zeitschrift »biopress«
  http://www.biopress.de/
- Studie »Einstellungen und Käuferprofile bei Bio-Lebensmitteln«
  http://www.soel.de/ARCHIV/zmp_2000_02.pdf

19 Autoren

Dr. Manon Haccius
Alnatura GmbH
Darmstädter Str. 3
D-64404 Bickenbach
Tel. +49-6257-9322-0
Fax +49-6257-9233-44
E-Mail: Alnatura@t-online.de
Internet: http://www.alnatura.de,
vormals Geschäftsführerin der ArbeitsGemeinschaft Ökologischer Landbau (AGÖL)

Immo Lünzer, Geschäftsführer
Forschungsring für Biologisch-Dynamische Wirtschaftsweise
Brandschneise 1
D-64295 Darmstadt
Tel. +49-6155-8412-41
Fax +49-6155-846911
E-Mail: Immo.Luenzer@forschungsring.de
Internet: http://www.forschungsring.de
vormals geschäftsführender Vorstand der Stiftung Ökologie & Landbau (SÖL)

Dr. Helga Willer
Forschungsinstitut für biologischen Landbau (FiBL)
Ackerstrasse
CH-5070 Frick
Tel. +41-62-8657207
Fax +41-62-8657273
E-Mail: helga.willer@fibl.ch
Internet: http://www.fibl.ch
vormals wissenschaftliche Mitarbeiterin der Stiftung Ökologie & Landbau (SÖL)

Aktuelle Publikationen des FiBL

Bio fördert Bodenfruchtbarkeit und Artenvielfalt. Erkenntnisse aus 21 Jahren DOK-Versuch

Das Dossier fasst in leicht verständlicher Sprache die eindrücklichen Ergebnisse aus dem DOK-Langzeitversuch zusammen, in dem die biologisch-dynamische (D) mit der organisch-biologischen (O) und der konventionellen (K) Anbaumethode verglichen werden. Kommentiert werden die Erträge, Nährstoffzufuhr und -entzug, Bodenstruktur, Bodenleben und Artenvielfalt.
3. Auflage 2001, FiBL-Dossier Nr. 1, 16 Seiten.

FiBL-Best.-Nr. 1089
Best.-Nr. für Deutschland und Österreich   B-161-016
In english   FiBL-Best.-Nr. 1090
CHF 6 / Euro 4.20

Techniken der Pflanzenzüchtung – eine Einschätzung für die ökologische Pflanzenzüchtung

Das Dossier zur aktuellen Züchtungsdiskussion. In der Broschüre werden alle Standardtechniken erklärt, die in der modernen Pflanzenzüchtung angewendet werden. Die Konsequenzen einer Ablehnung bestimmter Techniken im Biolandbau werden erörtert und alternative Züchtungsmethoden vorgeschlagen.

2001, FiBL-Dossier Nr. 2, 16 Seiten   FiBL-Best.-Nr. 1089
Best.-Nr. für Deutschland und Österreich   B-161-127
In english   FiBL-Best.-Nr. 1202
CHF 6 / Euro 4.20

Die FiBL-Publikationsreihen im Überblick

FiBL Dossiers. Die FiBL-Dossiers informieren umfassend zu aktuellen Themen des ökologischen Landbaus und stellen wichtige Argumentationshilfen dar.

FiBL Merkblätter. Die FiBL-Merkblätter bieten eine Fülle von Informationen für die Praxis des Biolandbaus. Sie sind teilweise auch auf französisch und italienisch erhältlich. Die Merkblätter sind durchgehend vierfarbig illustriert.

FiBL Handbücher und Praxisordner. In den FiBL-Handbüchern und Praxisordnern ist das Fachwissen zu einem Themenbereich für die Praxis des Biolandbaus zusammengetragen.

FiBL Frick
Ackerstrasse, Postfach
CH-5070 Frick,
Tel. +41 (0)62 865 72 72
Fax +41 (0)62 865 72 73
E-Mail admin@fibl.ch
www.fibl.ch

Forschungsinstitut für biologischen Landbau

FiBL Berlin e.V.
Rungestrasse 19
D-10179 Berlin
Tel. +49 (0)30 27 58 17 50
Fax +49 (0)30 27 58 17 59
E-Mail berlin@fibl.de
www.fibl.de

Für Bestellungen in Deutschland und Österreich:
baerens & fuss, buchversand, Postfach 110645, D-19006 Schwerin,
Fax + 49 (0)3 85-56 29 22, E-Mail versand@baerfuss.de, www.baerfuss.de

FORSCHUNGSRING
FÜR BIOLOGISCH-DYNAMISCHE WIRTSCHAFTSWEISE e.V.

Schriften und Dienstleistungen des Forschungsring

- *Einführungskurse, Seminare und Tagungen*
Einführungskurs in die Biologisch-Dynamische Wirtschaftsweise
jährlich im Januar eine Woche;
Seminare und Fachtage zu ausgesuchten Themen der Biologisch-Dynamischen
Wirtschaftsweise in Landwirtschaft, Ernährung und Kultur
z.B. Einführungstage zur Demeter-Bienenhaltung;
Schulungen für den Naturkost-Fachhandel u.a.

- *Bücher*
»Der Mensch und die Bienen« (Bienenleben und Bienenhaltung)
»Lebenskräfte erleben« (Ausstellungskatalog)
»Verstehen des Lebendigen in der Landwirtschaft« (Wolfgang Schaumann)
»Biologisch-dynamische Landwirtschaft in der Forschung« (Ringvorlesung 2000)

- *Ausstellung »Lebenskräfte erleben«*

- *Broschüren, Informations-Schriften und Arbeitsmaterialien*
z.B. zu Saatgut-Nachbau und Saatgut-Pflege
Getreide in der biologisch-dynamischen Forschung
Pflanzenzüchtung konventionell und ökologisch

- *Literaturdatenbank »Biologisch-Dynamische Wirtschaftsweise«*
Literaturrecherchen in derzeit rund 10000 erfassten Literaturstellen

- *Richtlinien*
Erzeugungsrichtlinien für die Anerkennung der Demeter-Qualität
(Landwirtschaft, Pflanzenbau, Tierhaltung, Gartenbau, Lebensmittelverarbeitung)

- *Auskunftsstelle*
Vermittlung von Lehrstellen und Praktikumsplätzen auf biologisch-dynamisch und
ökologisch wirtschaftenden Betrieben in Deutschland und International

Informationen bei
Forschungsring für Biologisch-Dynamische Wirtschaftsweise e V
Brandschneise 1, D-64295 Darmstadt
Tel ++49-(0)61 55 - 84 12 - 3, Fax ++49-(0)61 55 - 84 69 - 11
E-Mail: Info@Forschungsring.de, Internet: www.Forschungsring.de

Praxis des Ökolandbaus

Hubert Redelberger
Betriebsplanung im ökologischen Landbau
208 Seiten
incl. CD-ROM,
2. überarb. Neuauflage
ISBN 3-934239-00-5
28,00 EUR/48,70 CHF

Anhand aktueller Daten werden konkrete Anleitungen und Entscheidungshilfen für die professionelle Betriebsführung gegeben. Herzstück des Buches sind praxisnahe Rechenansätze (auf einer CD) für alle wichtigen Betriebszweige.

Dr. Thomas van Elsen/ Götz Daniel
Naturschutz Praktisch
Ein Handbuch für den ökologischen Landbau
112 Seiten
ISBN 3-934239-01-3
10,50 EUR/19,00 CHF

Dieses Buch gibt Anregungen für die Erhaltung und Förderung der Pflanzen- und Tierwelt.
Es beantwortet Fragen für die Praxis der
ökologischen und konventionellen Landwirtschaft.

Drei Bände zur EG-Tierhaltungs-Verordnung
In diesen drei Büchern werden konkrete und prägnante Empfehlungen für die Praxis der ökologischen Tierhaltung gemäß der neuen EG-Tierhaltungsverordnung gegeben.

Christel Simantke
Ökologische Schweinehaltung
Haltungssysteme und Baulösungen gemäß der EG-Öko-Verordnung
144 Seiten
ISBN 3-934239-03-X
18,50 EUR/33,00 CHF

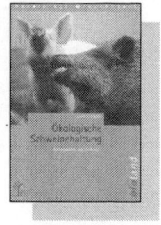

Willi Baumann
Ökologische Hühnerhaltung
Stallbaukonzepte
160 Seiten
ISBN 3-934239-04-8
18,50 EUR/33,00 CHF

Maria Lotter/Dieter Sixt
Laufhöfe in der Rinderhaltung
Planungskonzepte und Baulösungen gemäß der EG-Öko-Verordnung
144 Seiten
ISBN 3-934239-032-1
18,50 EUR/33,00 CHF

Stiftung Ökologie & Landbau
Weinstraße Süd 51
D-67098 Bad Dürkheim
Tel. 0 63 22 - 98 97 0-0
Fax 0 63 22 - 98 97 0-1
E-Mail: info@soel.de
Internet: www.soel.de